Provinzen und Autonome Regionen der Volksrepublik China:

- Hauptort
- Ströme, Flüsse, Seen
- Chinesische Mauer
- Provinzgrenze (resp. Aut. Reg.)

Ruth Schneebeli-Graf

Blütenland China

Botanische Berichte und Bilder

I. Zierpflanzen:
Vorkommen Symbolik Wirkstoffe

Zweite, überarbeitete Auflage
Mit Texten von Ernest Henry Wilson

Birkhäuser Verlag
Basel · Boston · Berlin

Die 1. Auflage erschien 1991 unter dem Titel ‹Zierpflanzen Chinas›: Botanische Berichte und Bilder aus dem Blütenland›
beim Umschau Verlag Breidenstein GmbH, Frankfurt

Texte von Ernest Henry Wilson wurden ausgewählt und übersetzt aus: Ernest Henry Wilson, A naturalist in Western China,
2 vols., New York, 1913.

Photo- und Bildnachweis: Arnold Arboretum, Harvard University, Cambridge, MS, USA; International Arts Council, New York (Palast Museum Beijing); British Oriental Library, London; ‹Curtis's Botanical Magazine› (Abb. a. d. Jahren 1787–1912); Musée de l'Orangerie, Paris (Catalogue: Claude Monet, ‹Les Nymphéas›; Gallé Lampe (Privatbesitz).

Photographische Aufnahmen: Ernst Isenschmid, Bern; Istvan Rásc, Cambridge, MS, USA; Alex Zuppiger, Zürich

Konzepterstellung: Bruno Pfäffli, Paris

Die Deutsche Bibliothek - CIP-Einheitsaufnahme

Blütenland China : Botanische Berichte und Bilder /
Ruth Schneebeli-Graf. Mit Texten von Ernest Henry Wilson.
- Basel ; Boston ; Berlin : Birkhäuser, 1995
1. Auflage udT.: Zierpflanzen Chinas
und: Nutz- und Heilpflanzen Chinas
ISBN 3-7643-5188-8
NE: Schneebeli-Graf, Ruth; Wilson, Ernest Henry

1. Zierpflanzen: Vorkommen, Symbolik, Wirkstoffe. -
2.,überarb. Aufl.
ISBN 3-7643-5182-9

Gedruckt auf säurefreiem Papier,
hergestellt aus chlorfrei gebleichtem Zellstoff
Umschlaggestaltung: Markus Etterich, Basel
Printed in Germany
ISBN 3-7643-5182-9 (Zierpflanzen)
ISBN 3-7643-5183-7 (Nutz- und Heilpflanzen)
ISBN 3-7643-5188-8 (Set)
9 8 7 6 5 4 3 2 1

Inhalt

Vorbemerkung und Dank

Da mir die Frage «weshalb China?» im Verlauf meiner Arbeit immer wieder gestellt worden ist, erlaube ich mir, ganz kurz darauf einzugehen. «Chinesisches», «China», «das Reich der Mitte» hat mich schon in früher Kindheit fasziniert. Wenn zum Beispiel am ersten August jeweils die farbig leuchtenden Schlußbuketts in den Himmel stiegen, sagte mein Vater beiläufig: «Das haben die Chinesen erfunden», oder wenn wir sonntags den Botanischen Garten besuchten, gefiel mir im Frühjahr besonders ein weißblühender Strauch – es war eine Magnolie –, und wiederum hörte ich: «Kommt aus China.»

Später führte mich meine Vorliebe für Schwarztee und Pfirsiche, für den sagenumwobenen Vogel Phoenix wiederum ins Reich der Mitte. Jahre vergingen, da fand ich in den von Martin Buber herausgegebenen ‹Chinesischen Geister- und Liebesgeschichten› Lebensweisheiten, Einsichten in die Natur, die mir sehr nahe standen, und dasselbe erlebte ich beim Lesen im ‹Senfkorngarten – Lehrbuch der Malerei›. Nachher beschäftigte mich die Gedankenwelt chinesischer Philosophen, vor allem Lao Tses. Nach meinem Entschluß, mich intensiv der Botanik, insbesondere der Pflanzengeographie, zuzuwenden, erfuhr ich, daß beide Areale, Europa und China, zum holarktischen Vegetationsgürtel gehören, also offensichtlich Gemeinsamkeiten aufweisen müssen, was mich nachhaltig beeindruckt hat: Wirklich, auch in China wachsen *Clematis*, *Primula*, und *Rosa*, aber diese Gattungen sind viel artenreicher vertreten im ‹Hua-kuo›-Land, d. h. Blumen- oder Blütenland. Der Wunsch, diese verwandtschaftlichen Beziehungen aufzudecken, ihnen nachzugehen, hat mich dazu bewogen, die vorliegenden Texte zu verfassen. Zwar habe ich nicht – noch nicht! – chinesische Erde betreten. Bis heute ist es für mich, wie es im Frühwerk ‹Bin› von Max Frisch heißt, «Peking, das ich nie erreichen werde». Und dennoch habe ich zeitlebens Wege oder Umwege gefunden, China zu «bereisen», sagt doch eine chinesische Spruchweisheit: «Fortgehen und Zuhausebleiben sind Eins.»

In ‹Zierpflanzen Chinas› werden Stauden, Sträucher und Bäume porträtiert, die alle aus China stammen und bei uns in westlichen Ländern als Zierpflanzen kultiviert werden. Begleitend und erläuternd erscheinen erstmals in deutscher Übersetzung Texte von Ernest Henry Wilson, insbesondere ausgewählt aus ‹A Naturalist in Western China› (Lit. 265). Wilson bereiste seinerzeit im Auftrag der Gärtnerei Veitch, London, und später des Arnold Arboretums der Harvard University über elf Jahre lang China, Pflanzen suchend und sammelnd. Seine Expeditionsergebnisse und Fotos hat dieser bedeutende Botaniker in mehreren Büchern und Zeitschriftenartikeln veröffentlicht. Um den weltumspannenden Einfluß der aus China stammenden Pflanzen zu unterstreichen, erscheinen die Artnamen in der Pinyin-Lautschrift, in verschiedenen europäischen Sprachen, allen vorangestellt das dekorative chinesische Schriftzeichen. Besonders wichtig schien mir auch, der geschichtlichen und symbolischen Bedeutung jeder behandelten Pflanze nachzuspüren. Aus diesem Grund wurden hin und wieder aus dem Englischen übersetzte Gedichte aus James Legges ‹Chinese Classics› in den Text aufgenommen.

Als zuverlässige Informationsquellen erwiesen sich folgende Bücher: Die Werke von Emil Bretschneider, dessen eindringlicher Appell an europäische Botaniker «sich der chinesischen Pflanzenwelt besser anzunehmen» sozusagen bis in die jüngste Zeit ungehört verhallt ist (Lit. 23–28). Es versteht sich von selbst, daß stets die Veröffentlichungen von E. H. Wilson (Lit. 260–268) konsultiert worden sind. Außerdem waren für meine Arbeit folgende Publikationen besonders instruktiv, die ich aus Gründen der Platzersparnis in alphabetischer Reihenfolge aufliste unter Verweis auf die Nummer im Literaturverzeichnis (in Klammern): A. Bärtels (6), M. Beuchert (12, 13), A. P. de Candolle (33, 34), J. B. Du Halde (50), Elsevier's Dictionaries (54–56), F. B. Forbes/W. B. Hemsley (65, 66), R. Fortune (67, 68), H. von Handel-Mazzetti (92, 93), A. Z. Hasan (98), M.-J.-L. d'Hervey de St-Denis (104), Iconographia Cormophytum Sinicorum (120), Wang Jiaxi/Ma Yué (123), R. Lancaster (136), B. Laufer (137, 138), H. L. Li (147), D. J. Mabberley (154), R. Mansfield (156), E. T. Morris (167a), The Natural History of China (283), J. Needham (175), F. von Richthofen (200, 201), A. Semmedo (213), H. Walter (242–244) und Zander (282).

Es ist mir ein großes Bedürfnis, all jenen zu danken, die mich bei meiner Arbeit unterstützt, die mich dabei freundschaftlich beratend begleitet haben.

Mein Dank geht vor allem an die Dr. Karl Thomae GmbH, die mir den Auftrag erteilt hat ‹Zierpflanzen Chinas› zu verfassen, und auch an Alfred Tode, der mit seiner Initiative und seiner tätigen Teilnahme mitgeholfen hat, dieses Buchprojekt zu realisieren, sowie an Hildegard Branz, die verständnisvoll anfallende Fragen gelöst hat.

Ohne die großzügige Unterstützung folgender Bibliotheken und Institute wäre es vermutlich nicht möglich gewesen, mein Buch wunschgemäß zu gestalten. Besonders erwähnen möchte ich:

– die Botanischen Institute der Universität Zürich, Prof. Dr. C. D. K. Cook, a. Direktor des Botanischen Gartens Zürich, und insbesondere auch alle Mitarbeiter und Mitarbeiterinnen der Bibliothek;
– Dr. Marie-Fleur Burckhardt, Abt. Ostasien (Kunstgeschichte), Universität Zürich,
– die Zentralbibliothek des Kantons Luzern, interurbaner Ausleihdienst, geleitet von K. Mühlebach;
– die Zentralbibliothek des Kantons Zürich;
– das Conservatoire de botanique de la Ville de Genève, Dr. Hervé Burdet;
– die Mitarbeiter und Mitarbeiterinnen der British Oriental Library (British Museum), Reading Room Services, London.

Bei der Beschaffung von Spezialliteratur haben mir insbesondere Prof. Dr. Rosemarie Honegger geholfen, ebenso Prof. Dr. Peter K. und Dr. Mary Endress, Prof. Dr. K. U. Kramer † (Botanische Institute der Universität Zürich). Für die Unterstützung bei der Bildbeschaffung danke ich Charles Moyer, International Arts Council, New York, und Sheila Connor, Horticultural Research Archivist, Arnold Arboretum of Harvard University, Cambridge, Massachusetts.

Für die kritische Durchsicht des Manuskripts danke ich besonders herzlich PD Dr. Rolf Rutishauser, Institut für Systematische Botanik der Universität Zürich, und Alfred Tode, Biberach an der Riß.

Aus ‹Curtis Botanical Magazine› – alle seit 1787 erschienenen Bände sind in der Bibliothek der Botanischen Institute Zürich vorhanden – hat Alex Zuppiger mit großer Sorgfalt die Aufnahmen gemacht, ebenso mein Schwager Ernst Isenschmid, Bern (‹Monet› und ‹Gallé›), und Istvan Rásc, Arnold Arboretum of Harvard University (Abzüge von Wilsons Original-Glasplatten).

Mein herzlicher Dank geht an Bruno Pfäffli, Atelier Frutiger & Pfäffli, Paris, der freundlicherweise Vorschläge zur Gestaltung zur Verfügung gestellt hat.

Für die Übernahme/Herausgabe der Neuauflage geht mein bester Dank an den Birkhäuser Verlag, Basel sowie an Frau Dr. Petra Gerlach und Frau Karin Metzger für die editorielle Betreuung.

Mein Wunschziel wäre es, die Pflanzenvielfalt Chinas zu veranschaulichen, Vernetzungen aufzuzeigen, das Reich der Mitte nicht mehr als fern und fremdartig zu erfahren, sondern als das wunderbar reiche Blütenland im Osten, das mit uns im Westen verwandschaftlich verbunden ist.

Ruth Schneebeli-Graf

Einleitung

Zur Pflanzengeographie Chinas

China oder Sina sagen die einen, andere nennen es ‹Reich der Mitte›. Diese letztgenannte Bezeichnung ist eine Übersetzung des offiziellen chinesischen Namens ‹Zhong kuo›. Der zweite – ebenfalls offizielle – Name des chinesischen Reichs lautet ‹Hua-kuo›, was soviel heißt wie *‹Blumen›*- oder *‹Blütenland›*, ein Name, der für dieses Land der Nordhemisphäre durchaus berechtigt ist, denn hier ist die vielfältigste, artenreichste Flora der Alten Welt vorhanden. Zudem sind Blumen, Bäume und Sträucher nicht nur Schmuck und Zierde, sondern sie sind seit uralter Zeit mit Bedeutungstiefe verankert. Jahreszeitliches Denken und Fühlen ist in China lebendig geblieben. Auch heute noch weiß jedermann, welche Pflanzen unter den ‹Vier Edlen› zu verstehen sind oder wer ‹Die Drei Freunde des Winters› sind. Im Jahreszeitenzyklus stehen im Kalender seit altersher die Strauch-Pfingstrose für den Frühling, die Lotosblume für den Sommer, die Chrysantheme für den Herbst und für den Winter die Mei-Pflaume. In keinem andern Land wurde und wird vom bildenden Künstler verlangt, die Natur so zu erfassen, daß er z. B. «Bambus von innen heraus male» oder «malend selber zu Bambus werde».

In seinem großartigen Werk ‹Das chinesische Denken› schrieb Marcel Granet über chinesisches Naturverständnis: «Der Mensch verdankt der Kultur alles, er verdankt ihr Ausgeglichenheit, Gesundheit und die besondere Beschaffenheit seines Wesens. Die Chinesen haben den Menschen niemals außerhalb des gesellschaftlichen Zusammenhangs betrachtet; niemals auch zogen sie eine trennende Grenze zwischen der Gesellschaft und der Natur. Auch kommen sie nicht auf den Gedanken, oberhalb der gewöhnlichen Gegebenheiten eine Welt rein geistiger Wesenheit anzuordnen, wie es ihnen auch nicht einfällt, zur Erhöhung der Würde des Menschen ihm eine von seinem Leib verschiedene Seele zuzuschreiben. *Die Natur bildet nur ein einziges Reich.* Eine einzige Ordnung ist für das kosmische Leben maßgebend, und zwar ist es jene Ordnung, die ihm die Kultur aufprägt.»

Riesig groß ist China, das Blütenland. Von der Ostgrenze bis zur Westgrenze umfaßt es 60 Längengrade, was einem Sechstel des Erdumfangs entspricht; vom Norden zum Süden sind es 50 Breitengrade. Das Klima ist kühl-gemäßigt im Norden mit ariden, wüstenhaften Gebieten, im Süden hingegen gibt es tropische Regenwälder mit entsprechend hoher Luftfeuchtigkeit. Der Chomolongma im Everestmassiv ist mit seinen 8848 m der höchste Berg der Welt. Der tiefste Punkt in China liegt unter dem Meeresniveau und mißt −154 m; er befindet sich in der Nähe des Aydingkolsees. Riesenhafte Berge, Ebenen, Grasland, Wüsten, Wälder, Ströme, Flüsse, Seen prägen dieses weite Land, dessen vielfältige Natur besonders reich an Pflanzen und Tieren ist.

Geographisch liegt China im östlichen Teil Asiens. Sein nördlichster Punkt ist mitten im Heilong-Fluß, nördlich von Mohe, Provinz Heilongjiang, 53° 31′ nördlicher Breite. Der südlichste Punkt ist Zengmu Shoal, der zu den Nansha Inseln gehört, ungefähr 4° nördlicher Breite. Der größte Teil des Landes gehört zu der gemäßigten subtropischen Zone, die stark von jahreszeitlichen Unterschieden geprägt ist. Ein kleiner Teil Südchinas zählt zur tropischen Zone, die erfahrungsgemäß sehr hohe Temperaturen und starke Regenfälle durchs ganze Jahr aufweist. Wenn also im frühen Jahr die Bewohner der Hainan-Insel schon geschäftig ihren Boden bestellen, dann ist die Erde im Norden noch mit Schnee und Eis bedeckt.

Der westlichste Punkt Chinas liegt in der autonomen Region von Xinjiang, ein Ausläufer der Tien-Bergkette, ungefähr beim 73. östlichen Längengrad. Der östlichste Punkt ist im Mündungsbereich der beiden Flüsse Wusuli und Heilong zu suchen, bei 135° 5′ östlicher Länge. Von Osten nach Westen

(Nach: "The Natural History of China" 1989)

- Wüste
- Steppe
- Nadelwald der kaltgemäßigten Zone
- Mischwald der gemäßigten Zone
- Sommergrüner Laubmischwald der warmgemäßigten Zone
- Subtropischer immergrüner Laubwald
- Tropischer Monsun-Regenwald und tropischer Regenwald
- Alpine Vegetation des Qinghai-Tibet-Plateau

beträgt die Zeitdifferenz mehr als vier Stunden; wenn die Sonne am Morgen beim Wusuli aufgeht, leuchten die Sterne immer noch am Nachthimmel über den Tien-Bergen.

Die *Gesamtfläche* Chinas mißt approximativ 9 600 000 km², das ist ein Fünfzehntel der gesamten Erdoberfläche, ein Viertel von ganz Asien. China ist das drittgrößte Land der Welt nach der Sowjetunion und Kanada. Zum Festland gehören noch rund 5000 Inseln, zerstreut längs der Küste liegend; die südlichste ist mehr als 1800 km vom Festland entfernt. Neun Zehntel dieser Inseln befinden sich im östlichen und südlichen Teil des Chinesischen Meers; der Rest ist in der Bo Hai See, im Gelben Meer nördlich von Shanghai.

Politisch ist China in 23 Provinzen aufgeteilt, dazu gehören fünf autonome Gebiete und die drei Stadtstaaten Beijing (Peking), Tianjin und Shanghai, die direkt der Zentralregierung unterstellt sind.

China hat die größte *Bevölkerungsdichte* der Welt. 1989 wurden 1,1 Milliarden Chinesen gezählt, was 22 % der Weltbevölkerung ausmacht. Während der westlichen Han-Dynastie (206 v.–24 n. Chr.) wurden rund 60 Millionen Einwohner gezählt. Während rund 1700 Jahren bis zur Qing-Dynastie hat die chinesische Bevölkerung nicht zugenommen, doch 1741 zählte man schon über 100 Millionen. Von diesem Zeitpunkt an ist eine stete Zunahme festzustellen. Als 1949 die Volksrepublik China gegründet wurde, also nur 208 Jahre später, wurden bereits 540 Millionen erreicht. Nur vierzig Jahre später hatte sich die Bevölkerung – allen Bemühungen der Regierung um Geburtenkontrolle zum Trotz – ein weiteres Mal verdoppelt.

Bestimmend für ein Land sind zwei Hauptfaktoren: *Klima* und *Morphologie*. China liegt im südöstlichen Teil von Eurasien und grenzt an die Ufer des Pazifischen Ozeans. Deshalb ist das Monsun-Klima für einen recht großen Teil des Landes charakteristisch, und es werden extreme Temperaturschwankungen gemessen. Wenn im Winter eisige Winde aus Nordwesten wehen, ist es ganz normal, wenn innerhalb einer Stunde das Thermometer um 10 °C fällt. Der Temperaturdurchschnitt chinesischer Städte ist wesentlich niedriger als in andern Städten auf demselben Breitengrad, z. B. in London und in der Stadt Huma in der Provinz Heilongjiang, wo man durchschnittlich im Januar 4 °C Wärme bzw. −29 °C Kälte mißt.

Monsunregen kommen vom Pazifischen und Indischen Ozean, bringen starke Niederschläge über das Land und verursachen gewissermaßen eine Umkehrung des Winterwetters: warme Lüfte steigen auf im sonnendurchfluteten Hinterland, feuchtigkeitsgeladene Winde strömen vom Meer her ins Land, was oft Dauerregen zur Folge hat. Mitte Juli erreicht der Monsun nördliche Gebiete, z. B. den Huai-Fluß. In den Provinzen Yünnan und Sichuan, östliche Längengrade 105 bis 110°, kommen die sommerlichen Niederschläge vom Indischen Ozean. Die Regenzeit beginnt dort ungefähr im Mai und endet erst dann,

► *Zhao Zhiqian*, Chrysanthemen, *Flowers of the Four Seasons, 1867. Aus: Masterworks Ming and Quing Painting aus dem Palastmuseum Beijing, Metropolitan Museum, New York 1989. Aufnahme: International Arts Council.*

Diese und gegenüberliegende Seite:
Xu Wei (1531–1593), Flowers of Four Seasons.
Aus: Masterworks Ming and Quing Painting aus dem Palastmuseum Beijing, Metropolitan Museum, New York 1989. Aufnahmen: International Arts Council.

wenn der südwestliche Monsun sich im Oktober zurückzieht. Das Ende der Monsunregen ist so abrupt, daß ein klarer Trennstrich zwischen der nassen und trockenen Jahreszeit verzeichnet werden kann.

Klimaunterschiede zwischen *Norden* und *Süden* werden charakterisiert durch den Winter im nördlichen Landesteil. Dort beträgt die durchschnittliche Temperatur im Januar −30 °C, der Boden ist schneebedeckt, die Bäume mit Eiszapfen behangen. In Guangdong, Guangxi, hingegen, um nur ein Beispiel aus dem Süden zu nennen, sinkt die Temperatur nie unter 10 °C, Sträucher und Bäume sind immergrün; das ganze Jahr hindurch kann der Bauer die Felder bestellen. Im südlichen Teil Chinas wird es im Sommer durchschnittlich 28 °C warm, im Norden in der Provinz Heilongjiang ungefähr 20 °C. Im Juli beträgt die mittlere Temperaturdifferenz zwischen dem südlichen Guangzhou und dem nördlichen Haerbin nur 5,4 °C, hingegen 32,5 °C im Januar.

Beträchtlich sind die klimatischen Unterschiede in China zwischen *Osten* und *Westen*, was durch die riesigen Entfernungen leicht erklärbar ist, sind es doch über 5000 km, die zwischen der Meeresküste und der Westgrenze liegen. Die vielen Gebirge, die sich sozusagen über ganz China verteilen, beeinflussen die Niederschlagsmenge enorm. Wenn man einen jährlichen Niederschlagsdurchschnitt von 500 mm annimmt, als Grenze zwischen feuchtem und trockenem Klima, dann fällt China sozusagen in zwei fast gleiche Hälften. Die östliche hat viele Regenfälle, die bestimmend auf die Vegetation und Agrikultur einwirken. In den Landgebieten westlich von dieser Grenze, ausgenommen dem Wind ausgesetzte Berghanglagen, ist Trockenheit vorherrschend. Hier gibt es ausgedehntes, weites Grasland, das nur mit ein paar Bäumen bestanden ist. Es versteht sich von selbst, daß die Niederschläge im Osten nicht überall gleichwertig sind. Auf dem Lößplateau und in den nordöstlichen Regionen wird eine Niederschlagsmenge von 400 bis 1000 mm gemessen; auf dem Yünnan-Guizhou-Plateau ungefähr 1000 mm; auf die südöstliche Küste entfällt die höchste Regenmenge, rund 6576 mm.

Die großen Unterschiede in der jährlichen Niederschlagsmenge beeinflussen pflanzliches Leben außerordentlich stark. Als Beispiel diene Beijing. Hier fallen im Durchschnitt 628,9 mm jährlich. Es kommt aber nicht selten eine mehr als doppelt so große Regenmenge vor, wie im Jahre 1958. Dagegen fielen im Jahr 1891 nur 168,5 mm. Der Grund für diese immensen Unterschiede muß bei den Monsunregen gesucht werden, die sehr unzuverlässig sind, von Jahr zu Jahr sich beträchtlich ändern und oft entweder verheerende Überschwemmungen oder Trockenheit bringen. So werden jährlich ungefähr 26 Millionen Hektar Kulturland von der einen oder andern Naturkatastrophe heimgesucht.

Morphologische und klimatische Vielfalt haben besonders günstige Umweltbedingungen geschaffen, so daß in China eine überaus reiche, ja üppige *Vegetation* anzutreffen ist. In diesem Land kommen mehr als 27 150 Pflanzenarten vor, die 353 Familien zugeordnet werden. (Das ganze Pflanzenreich ordnet man in ca. 650 Familien.) Die Samen- oder Blütenpflanzen sind mit 24 490 Arten vertreten, die zu 2980 Gattungen und 301 Familien gehören. Darunter kommen mehr als 2800 Baumarten vor, davon sind mehr als 1000 Nutzhölzer. Mit Ausnahme der Araucarien sind alle Gymnospermen-Familien (Koniferen und Koniferenähnliche) vertreten. Die Mannigfaltigkeit der Gehölze Chinas ist weithin bekannt. Insbesondere muß die Insel Hainan genannt werden, wo mehr als 1400 Baumarten vorkommen. Süd-China ist in aller Welt berühmt für seine baumartigen Bambuswälder. Von 1000 oder mehr bekannten Bambusarten sind mehr als 300 vertreten. Hier dehnen sich Grasflächen aus, die im ganzen mehr als fünf Millionen Quadratkilometer umfassen. In dieser Region sind mehr als 3600 verschiedene Samenpflanzen zu Hause. In ariden Ebenen mit wenig Niederschlag kennt man rund 1000 Pflanzenarten.

Weil China durch besondere geologische Verhältnisse den schlimmsten Auswirkungen der letzten Eiszeit ausweichen konnte, überlebten hier viele Pflanzen, die sonst an keinem anderen Ort der Welt vorkommen. Um nur einige aufzuzählen: *Bretschneideraceae; Davidiaceae*, darunter der Taubenbaum *Davidia involucrata (s. S. 50, 52 f.);* die endemische Metasequoia, *Metasequoia glyptostroboides* (s. S. 109 f.), und andere ‹lebende Fossilien›: die Chinesische

(Nach Ming Wong: "La Médecine chinoise" 1976)

Das ganze Jahr Winter.

Winter kalt; Sommer warm; vier verschiedene Jahreszeiten

Langer Sommer, kein Winter; dem Herbst folgt der Frühling.

Langer Winter, kein Sommer; dem Frühling folgt der Herbst.

Ewiger Frühling

Das ganze Jahr Sommer.

Goldlärche, *Pseudolarix kaempferi*, und die Scheineibe, *Pseudotaxus chienii* – nicht zu vergessen der berühmte Ginkgo *Ginkgo biloba* (s. S. 39, 86 f.).

Das heutige China bildet eine *geographische* Ganzheit mit charakteristischen Regionen von unterschiedlicher morphologischer Struktur; es sind Areale, die durch Millionen von Jahren von mannigfaltigen geologischen Veränderungen geprägt wurden. Auf der einen Seite wird China vom Meer, auf der anderen durch kolossale Bergmassive und auf der dritten von der Wüste begrenzt.

Während des Mesozoikums vor 150 bis 100 Millionen Jahren wurden die Grundlagen für die gegenwärtige Tektonik geschaffen. Zahlreiche Faltungen im östlichen Teil führten zu diesen Gebirgsformationen und Becken, die vom Nordosten nach Südwesten verlaufen. In dieser Zeit waren vulkanische Erdstöße häufig. Vor ungefähr 65 Millionen Jahren, als diese Erdzeit zu Ende ging, entstand das heutige China, mit Ausnahme des Himalaya-Massivs, das erst später entstand. In mesozoischer Zeit waren die Zapfenbäume oder Gymnospermen vorherrschend,

wie Cycas, Kiefer, Zypresse und Ginkgo. Besonders die *Cycas revoluta* war häufig, was viele fossile Funde aus der Jurazeit beweisen. Außer *Ginkgo biloba* (s. S. 86 f.) sind noch die Kopfeibe, *Cephalotaxus fortunei*, und *Metasequoia glyptostroboides* (s. S. 109 f.) zu erwähnen.

Klimatische Veränderungen brachten neue Pflanzen hervor: die Blüten- und Samenpflanzen, die als Stauden, Sträucher oder Bäume in Erscheinung traten. Insbesondere Kräuter entwickelten sich stark während des zuende gehenden Tertiärs.

In der gemäßigten Zone der östlichen Monsun-Region, nördlich der Qin Ling-Berge, herrschten Laubmischwälder vor mit Eichen *(Quercus)* und Kiefern *(Pinus)*. Südlich der Qin Ling-Berge und nördlich der Nan Ling-Berge, die zur subtropisch-tropischen Zone gehören, hatten sich immergrüne Pflanzen angesiedelt. Die Buchenfamilie *(Fagaceae)* war stark verbreitet, dazwischen eroberten sich Arten aus andern Familien einen Platz, insbesondere aus der Zaubernuß- *(Hamamelidaceae)*, Magnolien- *(Magnoliaceae)* und der Lorbeerfamilie *(Lauraceae)*.

Der südliche Teil der Nan Ling-Berge war tropisch und bestand hauptsächlich aus immergrünen Bäumen. Den Hauptanteil bildeten die Lorbeer-, Buchen- und Hülsenfruchtfamilien. Man nimmt an, daß sich genau auf dem Qinghai-Tibet-Plateau zu dieser Zeit die montane Flora entwickelte. Hier wurden fossile Überreste u. a. der Alpen-Eiche *(Quercus semicarpifolia)* und des Indischen Rhododendron *(Rhododendron simsii* [s. S. 116]) gefunden.

Während der großen Eiszeiten des Quartiärs vor rund zwei Millionen Jahren wurde China von der kontinentalen Vergletscherung nicht direkt betroffen. Zwar führte die deutliche Abkühlung der Nordhemisphäre dazu, daß sich in den westlichen Hochgebirgen und in den höher gelegenen Bergen von Ost-China kleinere Gletscher bildeten, doch der südliche Teil Chinas kühlte sich nicht ab und blieb warm. Dies führte dazu, daß China zum Hafen für

◄ *Zhao Zhiqian*, Strauch-Pfingstrose, *Flowers of the Four Seasons, 1867. Aus: Masterworks Ming and Quing Painting aus dem Palastmuseum Beijing, Metropolitan Museum, New York 1989. Aufnahme: International Arts Council.*

Tiere und Pflanzen wurde, die vorher in den gemäßigten und subtropischen Zonen der voreiszeitlichen Perioden in Nord- und Mittel-China verbreitet waren, wie z. B. der Große Panda *(Ailuropoda melanoleuca)* und der Ginkgobaum *(Gingko biloba)*.

China kann in drei physikalisch-geographische Hauptregionen eingeteilt werden: im Osten die Monsunregion, im Nordwesten die aride Region und die Qinghai-Tibet-Plateau-Region. Die *Monsunregion* im Osten ist die größte: 47 % des ganzen Landes gehört dazu, das sehr fruchtbar und somit geprägt ist von der Landwirtschaft. Hier leben 94 % der gesamten chinesischen Bevölkerung, was durch die Jahrhunderte die natürliche Struktur des Landes durch menschliche Eingriffe (Rodungen der Wälder) verändert hat. Dennoch gibt es hier relativ viele verschiedene Wildarten, da dieses Areal während der Eiszeiten im Quartiär vom Schlimmsten verschont geblieben ist.

Die nordwestlich gelegene *aride Region* beansprucht ca. 30 % der Fläche von China. Charakteristisch für dieses Gebiet sind Bergketten, Hochplateaus und Flußläufe. Trockene, starke Winde haben mitgeholfen aus diesem Gebiet eine steinige Sandwüste zu bilden. Der kalk- und salzhaltige Boden ist entsprechend unfruchtbar. Charakteristische Pflanzen sind: *Ephedra przewalskii;* ein Tamariskengewächs, *Reaumuria hypericoides;* ein Gänsefußgewächs aus der Salzkraut-Gattung, *Salsola abrotanoides;* ein Vertreter der Zygophyllaceen, *Nitraria sphaerocarpus.* Im Tarim-Becken (ungarisch «tarim» bezeichnet die Einmündung verschiedener Flußläufe, die sich vereinigen) ist eine reichere Vegetation zu beobachten. Es gibt sogar kleine Pappelwäldchen, aus *Populus diversifolia*; auffällig heben sie sich ab vom gelben Sandboden. Von den angrenzenden Tien-Bergen fließen mehr als 200 Wasserläufe zu Tal. Hier ist die Pflanzenvielfalt wesentlich größer, über 2000 verschiedene Bäume, Sträucher und Stauden haben sich angesiedelt. Vom Altai-Gebirge ragen die südlichsten Bergketten in chinesisches Territorium. Vorherrschend sind die Sibirische Lärche, *Larix sibirica*, und die Sibirische Tanne, *Abies sibirica*.

Das *Löß-Plateau*, westlich der nordchinesischen Ebene, liegt etwa auf 1000 bis 1500 m ü. M. und mißt 530 000 km². Seit urdenklichen Zeiten haben Wüstenwinde feinsten Sandstaub hierhergeblasen und ein Plateau aus gelber Erde angehäuft, die – es tönt wie Ironie – besonders fruchtbar ist. Die Ursache dieser Fruchtbarkeit sind nicht nur die reichen natürlichen Erdsubstanzen, sondern sozusagen ein natürliches Feuchtigkeitsreservoir, das diesen Boden für landwirtschaftliche Nutzung geradezu prädestiniert. Doch da die natürliche Vegetation nicht mehr vorhanden ist, ist Löß sehr anfällig gegen Windverwehungen und Erosion.

Südlich vom Löß-Plateau erheben sich die Qin Ling- und Dabie-Berge. Der höchste Gipfel heißt Tabei und mißt 3767 m; hier ist die Wasserscheide der beiden Ströme Huang oder Gelber Fluß und Chang oder Yangtse. Zudem bildet diese gebirgige

Magnolie, *aus: The Drawing Room of The Keae Tsze Gardens (1679–1711), London, British Oriental Library.*

Region die Vegetationsgrenze zwischen der subtropischen Zone im Süden mit immergrünen und der warm-gemäßigten Zone im Norden mit laubabwerfenden Bäumen.

Das *Yünnan-Guizhou-Plateau* liegt im südlichen Teil Chinas und erreicht eine Höhe von 1000 bis 2000 m. Das ganze Gebiet ist subtropisch, und das Klima ist sehr mild, die mittlere Jahrestemperatur beträgt um die 15 °C. Dieses Gebiet heißt «Land des Ewigen Frühlings». Durchs ganze Jahr stehen Bäume in Blüte; überall zeigen die Pflanzen ihre Blüten in allen Farben. Typisch sind die Yünnan-Kiefer, *Pinus yunnanensis*, und die Schottky-Eiche, *Cyclobalanopsis glaucoides*, ein Buchengewächs. Hier kommen die meisten endemischen Pflanzenarten von ganz China vor. Als Beispiele seien genannt eine Art, die zu den Hundsgiftgewächsen gehört, *Parepigynum funingense*, eine Gattung der Melastomaceen, *Cyphoteca*.

In den Wäldern der *kühl-gemäßigten Zone* sind folgende Koniferen und Laubbäume vertreten: die Lärche, *Larix gmelinii;* eine Varietät der Waldföhre, *Pinus sylvestris* var. *mongolica*, und die Koreanische Fichte, *Picea koraiensis;* vorherrschend bei den laubwerfenden Bäumen ist die Mandschurai-Birke, *Betula platyphylla*, und die Mongolische Eiche, *Quercus mongolica*, dazu noch David's Pappel, *Populus davidiana*. Im Unterholz haben sich u. a. angesiedelt die Preiselbeere *Vaccinium vitis-idaea;* der Sumpfporst, *Ledum palustre;* eine Alpenrosenart, *Rhododendron dauricum* (s. S. 116 ff.), vielerlei Gräser und Seggen; nicht zu vergessen das rotblühende Wintergrün, *Pyrola incarnata*. Es ist klar, daß sich hier in dieser Umgebung viele Flechten und Moose wohlfühlen.

Hauptvertreter der Laubmischwälder der *gemäßigten Zone* sind insbesondere Mongolische Eiche und zwei Eschen *Fraxinus mandshurica* und *Fraxinus rhynchophylla*, verschiedene Ahornarten und die Japanische Eibe, *Taxus cuspidata* var. *latifolia*, die ein Relikt aus dem Tertiär ist. Sporadisch kommt die berühmte Ginsengpflanze vor, insbesondere in den Changbai-Bergen. Weitere wichtige Vertreter gehören zu nicht europäischen Gattungen: *Eleutherococcus (Kalopanax) pictum* und *E. (Acanthopanax) senticosus* von den Araliengewächsen; das Rötegewächs *Phellodendron amurense; Schisandra chinensis* (die Gattung

Landschaft mit Trauerweide, *aus: The Drawing Room of the Keae Tsze Gardens (1679–1711), London, British Oriental Library.*

Schisandra [Schisandraceae] wird systematisch den Magnoliales/Illiciales zugeordnet); mehrere *Acitinidia*-Arten sind verbreitet, zu denen auch die Kiwifrucht gehört.

Durch starke Rodungen im Laufe der Zeit nehmen die einst immensen Bestände sommergrüner Wälder der *warm-gemäßigten Zone* nur noch 8 % des ganzen Gebiets ein. Typisch für die Sekundärvegetation sind Eichen und die Chinesische Kiefer, *Pinus tabulaeformis*. Spontan und kultiviert kommen vor: Kastanien, *Castanea sativa / C. mollissima;* die Walnuß, *Juglans regia*; Pfirsiche, *Prunus persica*; Äpfel, *Malus domestica;* Kakipflaume, *Diospyros kaki*.

Ungefähr ein Viertel von China gehört zur *subtropischen Zone* mit immergrünen Laubbäumen, die sich vom Qin Ling-Gebirge (34° N) und vom Huai-Fluß (32° N) im Norden ausdehnt bis zum Wendekreis des Krebses. Zugleich erstreckt sich dieser Vegetationsgürtel von der Küste bis zum östlichen Ausläufer des Qinghai-Tibet-Plateaus. Außer Lorbeergewächsen, die hier vorherrschend sind mit über hundert verschiedenen Arten, insbesondere die Gattungen *Persea (Machilus)*, *Cryptocarya*, zudem *Beilschmiedia* und *Cinnamomum*, ist die Buchenfamilie mit den Gattungen *Castanopsis*, *Lithocarpus* am besten vertreten. Auch Teegewächse haben sich mit 100 Arten angesiedelt; die wichtigsten Gattungen sind *Schima*, *Adinandra* und *Anneslea*. Von der Teepflanze *Camellia sinensis* gibt es große Kulturen, aber immer noch sind wildwachsende Pflanzen vorhanden. Diese Zone ist besonders reich an Farnartigen mit rund 45 Familien, 140 Gattungen und über 1000 Arten, vielfach bilden sie bodendeckende Teppiche. Insbesondere auf gerodetem grasigem Waldboden wächst mit Vorliebe ein Relikt aus mesozoischer Zeit: *Dicranopteris dichetoma* (Gleicheniaceae).

Gewisse Pflanzen finden sich wie überall nur auf einer ihnen angepaßten Höhe. Als Beispiel seien die Shennongijia-Berge genannt, die unter Kennern als «Pflanzen-Schatzhaus» gelten. Hier sind mehrere endemische Arten zu finden: eine Tanne, *Abies chensiensis;* ein Seidelbast, *Daphne tangutica*; ein Flieder *Syringa giraldiana* (s. S. 83 f.); Wilsonsbaum, *Sinowilsonia*; der Taubenbaum, *Davidia involucrata*. Durch menschliche Eingriffe sind von den ursprünglichen Wäldern nur spärliche Überreste geblieben.

Tropische Regenwälder und *tropische Monsun-Regenwälder* kommen in China südlich des Wendekreises des Krebses vor. Im Unterschied zum Monsun-Regenwald, wo es eine Trockenperiode gibt und die Bäume das Laub abwerfen, tragen sie im tropischen Regenwald immergrüne Blätter.

► *Zhao Zhiqian*, Mei-Pflaume, *Flowers of the Four Seasons, 1867. Aus: Masterworks Ming and Quing Painting aus dem Palastmuseum Beijing, Metropolitan Museum, New York 1989. Aufnahme: International Arts Council.*

Im Monsun-Regenwald ist keine vorherrschende Baumart festzustellen. Doch Vertreter der Maulbeergewächse, Meliaceen, Sapindaceen (zu denen die Litschifrucht gehört), Lindengewächse, Bignoniaceen, Wolfsmilchgewächse, Annonaceen, Bombacaceen und Sterculiaceen und auch Dipterocarpaceen sind immer wieder zu beachten.

Der tropische Regenwald Chinas ist den Regenwäldern von Südostasien sehr ähnlich. Charakteristisch sind großgewachsene Bäume, mannigfaltige holzige Kletterpflanzen, die so stark sind, daß abgestorbene Bäume trotzdem aufrecht stehenbleiben, weil sie von den sie umwindenden Lianen gestützt werden. Epiphyten, Pflanzen, die auf Baumästen und -stämmen leben, gibt es zu Hunderten. Folgende Gattungen geben dem Regenwald gewissermaßen das Gepräge: *Ficus* und *Artocarpus* (z. B. der Jackfruchtbaum); die Sauersackfamilie, *Annonaceae*; die *Sapotaceae* mit ihren riesigen Blüten und stammständigen Früchten; dazu holzige Kletterpflanzen, die oft zu den *Leguminosae* gehören; auch die *Apocynaceae*, die Hundsgiftgewächse, sind vertreten. Bei den *Gramineae* sind die Bambusarten und -gattungen zahlenmäßig allen andern überlegen: Über 1000 Arten wurden gezählt, die 62 verschiedenen Gattungen zugeordnet werden.

In keinem andern Land sind mehr Bambusarten beheimatet als in China. Gräser sind hier mit 30 Gattungen entschieden am besten vertreten, d. h. mit über 300 Arten. Einige davon sind sehr schön mit bunten Schäften, die manchmal eine viereckige Form haben. Besonders charakteristisch sind: der hohe, schnellwachsende Bambus *Phyllostachys edulis;* der Riesenbambus, *Ph. bambusoides;* der Chinesische Bambus, *Sinobambusa tootsik*; der Behaarte Bambus, *Ph. pubescens*. Auf dem Berg Emei wächst eine zwergige Art (s. S. 59 ff.). Bambus übertrifft alle andern Pflanzen an Vielfalt. Der Große Panda oder Bambusbär ernährt sich ausschließlich von zwei Bambusarten. Diese gefährdete Tierart hat eine Vorliebe für das selten gewordene Chinarohr *Sinarundinaria fangiana*. Fehlt diese Bambusart, behilft er sich mit der nah verwandten *Sinarundinaria nitida*. In China gibt es in verschiedenen Gebieten Bambusgehölze. Insgesamt bedecken sie eine Fläche von 3,2 Millionen Hektar, was ein Fünftel aller Bambusbestände der Welt ausmacht.

Neben den verschiedenen bereits beschriebenen Waldformationen gibt es in den Gebirgen vom Altai, Tien, Qilian, Helan und Daqing große Nadelholzbestände, die sich auf den schattenseitigen Hängen angesiedelt haben. Vorherrschend ist hier Schrenk's Fichte, *Picea schrenkiana*, insbesondere im westlichen Yili. Interessant ist das Vorkommen von einer Apfelart, *Malus sieversii;* der Walnuß, *Juglans regia;* einer Kirschenpflaume, *Prunus sogdiana*, und nicht zuletzt einer besonderen Ahornart, *Acer semonovii*. Sie alle sind Relikte aus dem Tertiär. Damals bestanden die Wälder in diesem Gebiet noch aus sommergrünen Laubbäumen.

Lit. 1, 3, 4, 10, *23–28*, *31*, 48, *50*, *54–56*, 57, *65*, *66*, 77, *78*, 84, *85*, *86*, *89*, *92*, 98, *104*, *112*, *120*, *121*, 122, *136*, *138*, *139*, 141, 142, 214, 224, 228, *231*, *242*, *243*, 250, *260–268*, 272, *283*

Ernest Henry Wilson

Als Naturforscher in Westchina

Dunkle Tannenwälder krönten die Bergkuppen, in westöstlicher Richtung öffneten sich die Täler und enthüllten föhrenbedeckte Hügel. Das Flußbett war ziemlich breit; an den Ufern wuchsen viele verschiedene Sträucher, in deren Schatten eine Fülle farbiger Blumen zu sehen war. Auf einem Flecken erkannte man Wildrosen in voller Blüte, deren himmlischer Duft buchstäblich die Luft schwängerte. An den Nordhängen hatten sich Zwerggehölze angesiedelt mit frischgrünen, ledrigen Blättern; immer wieder erkannte man üppig gelbblühende Berberitzen und über allem jene warmen Farbtöne, die die chinesische Landschaft auszeichnen.

E. H. Wilson

Ernest Henry Wilson mit seiner Frau und Tochter Muriel Primrose
(Archiv Arnold Arboretum)

Abzüge von den Originalglasplatten der Fotos von Ernest Henry Wilson
(Arnold Arboretum of Harvard University)

Legendentexte mitgeteilt von Sheila Connor, Horticultural Research Archivist,
Arnold Arboretum of Harvard University

Vorwort

In meinem Bericht über die westlichen Gebiete Chinas beschreibe ich insbesondere Natur und Landschaft. Ich habe versucht, ein möglichst breites Spektrum auszuleuchten, damit Leser und Leserinnen aus den verschiedensten Interessenkreisen Neues und Unbekanntes erfahren.

Anfang 1899 bereiste ich zum erstenmal Westchina mit dem Auftrag als Botaniker neue Pflanzen zu sammeln für Botanische Gärten und Gärtnereien in Europa und Amerika. Insgesamt habe ich vier Forschungsreisen gemacht, die knapp elf Jahre dauerten. Mein Arbeitsauftrag hat mich gezwungen, im Blütenland China neue, unbegangene Wege zu suchen und zu gehen. Meine beiden ersten Reisen habe ich im Auftrag der berühmten Gärtnerei Veitch unternommen, die beiden letzten im Auftrag des Arnold Arboretums der Harvard Universität. Die Forschungsergebnisse sind in Europa und in Amerika bei Botanikern und Gärtnern bestens bekannt.

Über allen meinen Reisen strahlte ein Glücksstern; stets bin ich von den Bewohnern des chinesischen Kaiserreichs zuvorkommend und respektvoll behandelt worden. Sogar während des Boxer-Aufstands[1], während des Chinesisch-Japanischen Kriegs[2] mußte ich keine nennenswerten Unannehmlichkeiten hinnehmen.

Chinesische Bauern wurden von mir instruiert; sie haben mir während meiner Expeditionen treulich als Helfer, Träger und Sammler gedient. Als der Tag der Abreise kam, haben wir nur mit größtem Bedauern voneinander Abschied genommen. Meine Anfangsschwierigkeiten zu überwinden half mir der Botaniker Augustine Henry mit Rat und Tat. Ihm und meinen chinesischen Sammlern bin ich großen Dank schuldig; ohne ihren Beistand wären meine Reisen nicht so erfolgreich gewesen. – Diese Erinnerungen wachzurufen macht mich glücklich, um wie vieles ärmer wäre mein Leben ohne diese Begegnungen mit den chinesischen Menschen.

Die meisten Fotografien habe ich selbst aufgenommen, und zwar mit einer Sanderson Plattenkamera, die mir vom Arnold Arboretum zur Verfügung gestellt worden ist.

Meine *alma mater* ‹The Royal Gardens of Kew›, hat mich nicht nur dazu angeregt in China zu botanisieren, sie hat mir auch Gelegenheit gegeben, diese Reisen zu verwirklichen: Ihrer gedenke ich mit Respekt und Dankbarkeit.

Anmerkungen der Übersetzerin

1 Chinesische Geheimorganisation, die sich besonders gegen die europäische Fremdherrschaft richtete; besonders aktiv von 1895–1900.

2 1894–95; China wurde von Japan angegriffen.

Die Flora von Westchina

Kurzbericht über die reichste Flora aller gemäßigten Klimazonen

In einer Bergregion, die charakterisiert ist durch extreme Höhenunterschiede, große klimatische Variationsbreite und intensive Regenfälle, erwartet man ganz selbstverständlich eine vielfältige Pflanzenwelt. Aber, obschon die sehr günstigen Verhältnisse durchaus in Betracht gezogen worden sind, war diese Fülle, ja man darf sagen Überfülle, die sich vor den erstaunten Augen ausbreitete, doch überraschend, sie übertraf die ausschweifendsten Botanikerträume! Kompetente Fachleute nehmen an, daß in China über 15 000 Arten vorkommen, die Hälfte davon in diesem Gebiet.[1] Diese Zahlen sprechen für sich selbst, aber sie sagen kaum etwas darüber aus, wie üppig dieser Pflanzenreichtum ist. In der Tat sind die hintersten Bergwinkel Zentral- und Westchinas wundervolle botanische Paradiese.

Verblüffend und verwirrend zugleich ist die große Anzahl verschiedenster Kräuter, Sträucher und Bäume, die hier dicht neben- und miteinander wachsen und gedeihen. Wenn man als Fremder erstmals diesen Landstrich besucht, dann hat man große Schwierigkeiten sich zurechtzufinden. Ja, zuerst erkannte ich nicht einmal jene Arten, die mir als Gartenpflanzen vertraut waren. Bis man sich einigermaßen an die neue Umgebung gewöhnt hat, muß man sich Zeit lassen. Während meiner Reisetätigkeit in China, die insgesamt elf Jahre dauerte, sammelte ich rund 65 000 Pflanzenexemplare von rund 5000 Arten. Nach Hause sandte ich über 1500 verschiedene Spezies. Und dennoch war es mir erst in der letzten Hälfte meines Aufenthalts möglich, mir ein einigermaßen adäquates Bild der chinesischen Flora zu machen. Erst nach einem so langen Zeitraum konnte ich diesen fast unglaublichen Reichtum richtig erfassen, die Vielfalt noch ungelöster Fragen und Probleme einschätzen.

Unbestreitbar ist die Flora Chinas die reichste, die mannigfaltigste aller gemäßigten Zonen der Welt. In keinem andern Teil der Nordhemisphäre wachsen spontan so viele verschiedene Baumarten wie in China. Jede wichtige Gattung der sommergrünen Bäume, die in der gemäßigten Zone der Holarktis vorkommt, ist in China vertreten, außer der Platane *(Platanus)* und der Falschen Akazie *(Robinia pseudoacacia)*. Jede Koniferengattung dieser Zonen kommt auch hier vor, außer: Rotholzbaum, *Sequoia*; Sumpfzypresse, *Taxodium*; Scheinzypresse *Chamaecyparis*; Schirmtanne, *Sciadopitys*; echter Zeder, *Cedrus*. In Nordamerika, ausgenommen Mexiko, zählt man beispielsweise 165 Gattungen sommergrüner Laubbäume, in China mehr als 260. Von bekannten Sträuchern – aufgelistet in ‹Kew Handlist of Trees and Shrubs› (1902 hrsg.)–, die 300 Gattungen zugeordnet werden, sind mehr als die Hälfte in China vertreten. Doch war für mich nicht dieser Artenreichtum am wertvollsten, sondern die Tatsache, daß in China ungewöhnlich viele attraktive Bäume, Sträucher und Stauden vorkommen, die sich gut als Zierpflanzen für unsere Gärten und Parkanlagen eignen, insbesondere für Regionen der gemäßigten Zone. Und dies war ja meine Aufgabe in China: Entdecken und Einführen neuer Pflanzen nach Europa, Nordamerika und in andere Teile der Welt.

Selbstverständlich war mir vor meinen Reisen die große Bedeutung der chinesischen Pflanzenwelt durchaus bekannt. Jedem ist es ohne weiteres klar, daß kein westlicher Garten diesen Namen verdient, wenn dort nicht mindestens zwei oder drei Pflanzen chinesischen Ursprungs angepflanzt sind, und zwar auf allen Längen- und Breitengraden aller gemäßigten Gebiete der nördlichen Hemisphäre. Man denke nur an unsere Tee-, Polyantha- und Kletterrosen, Chrysanthemen, Azaleen und Rhododendren, Kamelien, Treibhaus-Primeln, Strauch-Päonien, an die großblütigen Klematissorten etc. Alle diese Bäume, Sträucher und Stauden stammen von Pflanzen, die jetzt noch spontan als Wildformen in Zentral- und Westchina wachsen. Dasselbe gilt für eine

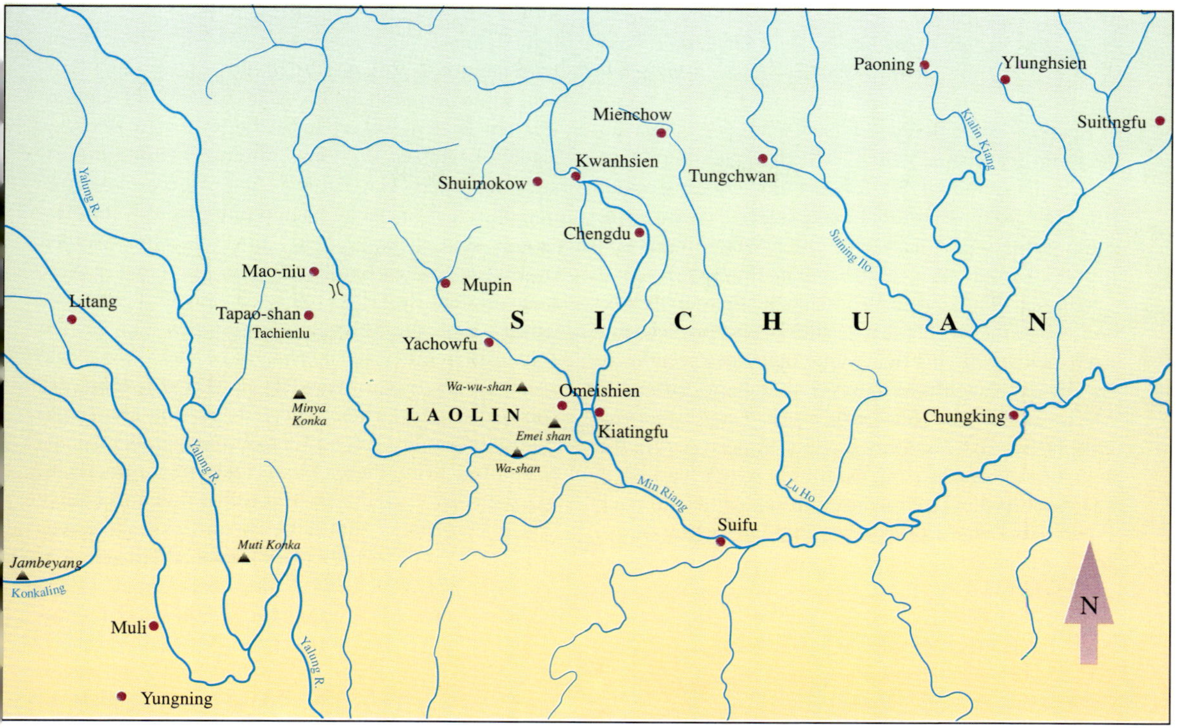

E.H. Wilson botanisierte vor allem in den beiden Provinzen Sichuan und Hubei. Die Berge Emei shan und Wa shan sind eingezeichnet (ca. Kartenmitte).

(Nach E.M. Cox: "Plant Hunting in China, 1945")

große Anzahl anderer Lieblingspflanzen unserer Gärten. China ist auch die Heimat der Orange, Zitrone, Limone, des Pfirsichs und der Aprikose. Alle Gärten der Welt sind dem Fernen Osten tief verpflichtet für die feinen, auserlesen schönen Zierpflanzen, die uns durchs Jahr erfreuen. Diese unsere Dankesschuld wird sich im Laufe der nächsten Jahre noch erhöhen.

Nur sehr allmählich erweiterten sich unsere Kenntnisse, nur langsam drang der wunderbare Reichtum der chinesischen Flora in unser Bewußtsein. Missionare aus aller Welt, Kaufleute, Botschafter, Marineoffiziere und Reisende aller Gesellschaftsschichten haben ihr Scherflein beigesteuert. Aber den hervorragendsten Beitrag verdanken wir römisch-katholischen Priestern, die uns durch ihre fundierten botanischen Kenntnisse den Fernen Osten nähergebracht haben. Für alle war es schwierig, die reservierte Distanz der Chinesen gegenüber Ausländern zu überwinden, was aber unbedingt notwendig war, wenn man mehr über dieses Land erfahren wollte. All jenen, die diese harte Vorarbeit in vergangener Zeit geleistet haben, gebührt unsere große Anerkennung.

Im Auftrag der ‹Horticultural Society of London› hat Robert Fortune (Lit. 67, 68) die Arbeit seiner Vorgänger weitergeführt. In den Jahren zwischen 1840 und 1850 bereiste er sämtliche ihm zugängliche Gärten Chinas zu unserem immerwährenden Gewinn. Aber es war ihm verwehrt, ins Landesinnere zu reisen, zu unüberwindlich waren die Schwierigkeiten. Kaum ein halbes Dutzend Wildpflanzen konnte Fortune nach Hause schicken, alle anderen stammten aus chinesischen Gärten. Eine dieser

Wildpflanzen jedoch war und ist von unschätzbarem Wert: *Rhododendron fortunei* (s. S. 116 ff.), eine Art, die für die Rhododendronzüchter nicht wegzudenken ist.

Später, 1879, bereiste Charles Maries China im Auftrag der Firma Veitch. Mit dem Schiff fuhr er den Yangtse hinauf bis Ichang, dessen Einwohner ihn aber so unfreundlich empfingen, daß Maries diese Stadt schon nach nur einer Woche verlassen mußte. Trotzdem ist es ihm gelungen, einen äußerst wichtigen Pflanzenfund zu machen. Er brachte *Primula obconica* (s. S. 114 ff.), die Becherprimel, mit nach Hause, die bis heute eine beliebte Zierpflanze ist. In der Nachbarschaft von Kiukiang sammelte Maries außerdem *Hamamelis mollis*, *Loropetalum chinense* (s. S. 119 f.) und noch einige andere Arten, die aber uninteressant sind. Klammheimlich verließ er das chinesische Territorium und setzte sich ab nach Japan. Aus unerfindlichen Gründen nahm er an, daß Fortune sämtliche Ressourcen der Flora Chinas ausgeschöpft habe, und, was noch unverständlicher ist, seine voreiligen Folgerungen wurden akzeptiert! Wäre er in Ichang nur ein paar Tage weit nach Norden, Süden oder Westen gereist, dann hätte er so großartige Pflanzen-Neufunde gemacht, wie sie Botaniker und Gärtner nicht einmal zu erträumen wagen würden. Aber, Ironie des Schicksals: Diese Ernte, die in seiner Reichweite lag, war zwei oder drei andern Pflanzenjägern vorbehalten.

Die enorme Bevölkerungsdichte Chinas, zu beobachten insbesondere längs des unteren Yangtse-Tals, im weiträumigen Flußdelta und in den Ebenen, diese dichtbevölkerten Landstriche haben Maries zweifellos irre geführt, denn so ist es nicht nur ihm ergangen, sondern auch anderen Botanikern. Hier ist China so dicht bevölkert, daß nicht das kleinste Fleckchen Erde ungenutzt bleibt. Chinesen verstehen es am erfolgreichsten Land zu bearbeiten und zu nutzen. Kein westlicher Diplomlandwirt kann so große Erträge aus dem Land erwirtschaften wie ein ungelernter chinesischer Bauer. Intensive Bodennutzung, Trockenverfahren sind als Begriffe den chinesischen Bauern zwar unbekannt, sind jedoch Bearbeitungsmethoden, die seit uralter Zeit in China praktiziert und von Generation zu Generation weitergegeben worden sind. Das bebaute Land liegt nie brach, sondern es wird das Jahr hindurch in irgendeiner Weise bearbeitet. Doch selbst wenn man den unglaublichen Fleiß des chinesischen Bauern, seine erstaunliche Geschicklichkeit auf schwierigstem Boden Ackerbau zu betreiben in Betracht zieht, überrascht die Flora, die man in den hintersten Bergtälern von Zentral- und Westchina vorfindet, durch ihre reiche Mannigfaltigkeit. Kaum bewohnt sind diese Gebiete, nur schlechte Straßen und Wege sind vorhanden. Bis vor kurzem war diese Gegend dem Rest der Welt noch ganz und gar unbekannt. Erst die Pflanzensammlungen der beiden französischen Priester David und Delavay, des russischen Forschungsreisenden N. M. Przewalski, des französischen Marineoffiziers Augustine Henry gaben einen ersten realen Einblick in den außerordentlichen Reichtum dieser Flora. Delavay sammelte im ganzen rund 3000 Arten; die Kollektion von Henry war noch größer. Sämtliche Botaniker des Westens wurden von diesem überraschenden Pflanzenreichtum aus dem Reich der Mitte überrumpelt. Viele bisher ungelöste Fragen zeigten sich dadurch in ganz neuem Licht. Zum Beispiel mußten Hauptverbreitungsgebiete verschiedener Gattungen revidiert werden wie, um nur einige zu nennen, von *Rhododendron*, *Lilium*, *Primula*, *Pyrus*, *Rubus*, *Rosa*, *Viburnum*, *Lonicera*, *Cotoneaster* und *Acer*, die man früher in andern Ländern vermutet hatte. Diese Gattungen mußten nun China zugeteilt werden. Dieser wirklich erstaunliche Artenreichtum ist immer noch vorhanden, obschon auch hier jedes Fleckchen Erde, wenn es irgendwie möglich ist, bearbeitet, bebaut wird. Von Meereshöhe bis rund 600 m ist die Wildflora durch die intensive Landnutzung an Wegränder, Straßenböschungen, Felsvorsprünge zurückgedrängt worden. Hier ist es nicht mehr möglich, sich den einstigen floristischen Reichtum vorzustellen. Es versteht sich von selbst, daß viele Arten durch diese extremen Land- und Ackerbaumethoden ausgerottet worden sind, nicht zu reden von der Zerstörung der Wälder durch die Holznutzung.

Damit man sich einen Begriff machen kann von dieser Pflanzenvielfalt, scheint es mir angebracht, die Region in verschiedene Vegetationsgürtel oder -zonen nach Meereshöhe aufzuteilen. Da die ganze Gegend gebirgigen Charakter hat, drängt sich diese

Südlich von Ichang (West-Hubei), ca. 300 m ü. M., 21. Jan. 1909

Methode geradezu auf. Vielleicht ist sie der einzige einigermaßen brauchbare Weg, diesen schwierigen, kaum zu bewältigenden Stoff thematisch zu gliedern. Die graphische Darstellung (s. S. 28) soll helfen, sich diese Unterteilungen besser und klarer vorzustellen, da der folgende Text allein kaum anschaulich genug ist:

Zone 1 – Kulturland bis 600 m Höhe ü. M. Das Klima im Yangtse-Tal bis auf 600 m Höhe ist hauptsächlich warm-gemäßigt. Im Sommer werden hier insbesondere Reis, Baumwolle, Rohrzucker, Mais, Tabak, Süßkartoffel und Gemüse angebaut, im Winter Hülsenfrüchte, Weizen, Raps, Hanf, Kartoffeln (weiße oder ‹Irische›) und Kohl. In diesem Gebiet wird intensivste Landwirtschaft betrieben; die Flora ist weder reich noch mannigfaltig noch interessant; sie ist artenarm. Folgende Wildpflanzen sind vertreten: verschiedene Bambusarten (*Bambusa arundinacea*, *Phyllostachys pubescens* u. a.); die Hanfpalme *(Trachycarpus fortunei)*; der Zedrachbaum oder ‹Xoan› *(Melia azedarach)*; der St. Bartholomäusbaum *(Lagerstroemia indica)*; der lorbeerähnliche, wintergrüne Baum *Xylosma racemosum pubescens*; der chinesische Banyan-Feigenbaum *(Ficus lacor)*; aus der Lorbeerfamilie der Nanmu-Baum, *Machilus nanmu*, und noch andere Arten dieser Gattung; eine Gardenie *(Gardenia jasminoides)* (s. S. 85); zwei Rosenarten, *Rosa laevigata* und *Rosa microcarpa* (s. S. 120 ff.); eine Kiefernart, *Pinus massoniana;* chinesischer Lederhülsenbaum *(Gleditsia sinensis)*; eine Erle *(Alnus cremastogyne)*; Liguster oder Rainweide *(Ligustrum lucidum)*; ein Verwandter des Kaiserbaums *Paulownia duclouxii* (s. S. 111 f.); dazu Orangen, Pfirsiche und andere Obstbäume; Farne, insbesondere *Gleichenia linearis*;

Vegetationsstufen
25 000 Fuß/ca. 7600 m

Schneegrenze

VII
Ewiger Schnee

5350 m

ca. 5000 m
Längengr. 102°, Breitengr. 30°

VI
Gletscher
Moränen
Polsterpflanzen

Alpine Steinwüste

4900 m

ca. 4700 m
Grenze verholzter Pflanzen

ca. 3650 m
Baumgrenze

Anbaugrenze Weizen/Gerste

V
Alpine Zone
Bergwiesen: Primeln, Enzian, Frauenschuh, Scheinmohn, Korbblütler. Heide u. Moore: kleinblättrige Rhododendren, Berberitzen, Eichen mit stachelspitzen Blättern, Zwerg-Wacholder

Kurzrasen und Moorgebiete

Hütten tibetischer Nomaden
Rhabarber/Heilkräuteranbau

3500 m

Lärche

Tibeter u. a. Volksstämme

IV
Subalpine Zone
Großartige Koniferenwälder (Fichtenarten)
viele Rhododendren

Anbau von Weizen/Gerste
Holz- u. Forstwirtschaft

3000 m

Wälder

ca. 2600 m
Maisanbaugrenze

III
Kalt-Gemäßigte Zone
Laubmischwald u. Sträucher
Rhododendren, Koniferen, große Stauden
Großartige Artenvielfalt; wunderschöne Herbstfarben;
Anbau: Weizen, Mais, Kartoffel, Lackbaum, Walnuß

Tachienlu

schöne Gegend

1500 m

ca. 1200 m

II
Gemäßigte Zone
Regenwald; immergrüne Vegetation;
charakteristisch: Eichen, Lorbeer- u. lorbeerähnliche Vegetation, Stechpalmen, Spießtanne, Kiefer; monotyp. Gattungen; Farne usw.; Landwirtschaft, insb. Anbau von Reis, Mais, Süßkartoffel

Teeplantagen

schöne Gegend

Lilien

1200 m

I
Warm-Gemäßigte Zone
Stark bewirtschaftet: haupsächlich Reis im Sommer, Weizen im Winter; Zypressen, Kiefern, Tungölbaum, Bambus, Palmen, Orangen, Pflanzentalg, Chin. Esche und Liguster (Wirtspflanzen für Wachsschildlaus); starke Bevölkerungsdichte

Flußniveau

Ichang

ackerbegleitende Kräuter, verschiedenartige Sträucher und Bäume wie z. B. ein Flügelnußbaum *Pterocarya stenoptera;* zur Ulmenfamilie gehörende Zürgelbaumarten (*Celtis* ssp.); eine Leguminose *Caesalpinia decapetala.* Der Tungölbaum *(Aleurites fordii)* und die Grabzypresse *(Cupressus funebris)* bevorzugen felsige Standorte.

Zone 2 – Regenwaldgürtel 600 bis 1500 m Höhe ü. M. Zwischen 600 und 1500 m Höhe sind die Regenwälder vertreten, die hauptsächlich aus breitblättrigen immergrünen Bäumen bestehen, insbesodere zwei zur Buchenfamilie gehörende Gattungen Eiche und *Castanopsis*, dazu Stechpalme und verschiedene Lorbeer- und lorbeerähnliche Bäume. Die Lorbeerfamilie ist in diesem Gürtel vegetationsbestimmend, und zwar mit über 50% Anteil. Farne, immergrüne Sträucher, die Chinesische Spießtanne *(Cunninghamia lanceolata)* und Zypressen sind weitere charakteristische Vertreter. Besonders interessant ist die Tatsache, daß in diesem Gürtel neun Zehntel der Bäume zu monotypischen Gattungen gehören, was ein herausragendes Merkmal der chinesischen Flora ist. Um nur die interessantesten zu nennen: die ulmenähnliche Gattung *Eucommia; Itea*, eine Gattung der Steinbrech- oder Johannisbeergewächse; die Orangenkirsche *Idesia* (Flacourtiaceae); *Tapiscia*, eine Gattung der Pimpernußgewächse; *Sinowilsonia*, eine Gattung der Zaubernußgewächse[2]. Ferner sind vertreten die Gattung *Platycarya*, ein Walnußgewächs; der Taubenbaum *Davidia* (Nyssa oder Davidiaceae); *Carrieria* (Flacourtiaceae); *Pteroceltis*, ein Ulmengewächs; zudem ein Rötegewächs *Emmenopterys.* In diesem Vegetationsgürtel wird der Boden weniger intensiv bebaut, insbesondere sind Kulturen während der Winterzeit weniger wichtig. Es werden ähnliche Pflanzen angebaut wie in der Zone 1, nur wird anstelle von Reis Mais kultiviert. In Hubei ist diese Zone viel weniger extensiv, ja man könnte sogar sagen, daß sie sozusagen nicht einmal existent sei, bedenkt man, wie entwickelt die Gebiete von West-Sichuan sind.

Zone 3 – Kühl-gemäßigter Gürtel 1500 bis 3000 m ü. M. Dieser Vegetationsgürtel ist der größte und wichtigste. Charakteristisch sind Blütenpflanzen, insbesondere immergrüne Bäume und Sträucher, die in der kühl-gemäßigten Zone gedeihen und zu vertrauten Gattungen und Familien gehören. Zudem müssen Koniferenwälder genannt werden, etliche große Stauden gehören dazu, die wir als Zierpflanzen kennen. Das hervorstechendste floristische Merkmal dieses Gürtels ist die überwältigende Artenvielfalt: 60 verschiedene *Clematis* (s. S. 99 ff.) sind bekannt, ebensoviele Geißblattarten, *Lonicera; Rubus* über 100; über 35 Arten Reben, *Vitis*; Pfaffenhütchen, *Evonymus*, über 30; über 50 Berberitzen, *Berberis*; *Deutzia* 40 Arten; 25 Hortensien, *Hydrangea* (s. S. 92 f.); 40 Ahornarten, *Acer*; 70 Schneeballarten, *Viburnum*; Stechpalme, *Ilex*, 30; Kirsche, Pflaume, Pfirsich, Mandel, Aprikose, *Prunus*, 80; Kreuzkraut, *Senecio*, 110. Viele andere Gattungen könnten noch aufgezählt werden. Erwähnt werden muß auf jeden Fall die Gattung *Pyrus* (inklusive *Malus*, *Sorbus*, *Micromeles* und *Eriolobus*); diese Rosengewächsgattung, die ein ähnliches Verhalten aufweist wie die Gattung *Crataegus* in den Vereinigten Staaten von Amerika, charakterisiert den kühl-gemäßigten Gürtel. Aus diesem ganzen Pflanzenreichtum eine Auswahl zu treffen, ist wirklich schwierig. Aber es gibt doch eine Gattung, die vor allen anderen Anspruch hat, hervorgehoben zu werden: Wie im Himalaya, so sind es auch hier die Rhododendren, die diese Berglandschaften prägen. In China ist diese Gattung am artenreichsten; heutzutage sind 300 Spezies bekannt.[3] Ich habe selber über 80 Arten gesammelt, von diesen habe ich 65 eingeführt und den Gärtnern in Kultur gegeben. Schon auf Meeresspiegelhöhe treten Rhododendronarten auf, aber erst auf etwa 2400 m sind sie reichlich vertreten, und sie steigen bis zur Baumgrenze, ungefähr bis zu 4600 m Höhe. Diese Arten sind bestandbildend, und beinahe jede ist spezialisiert auf eine bestimmte, nur ihr zusagende Bergeshöhe. Die Größe ist extrem variabel: Es gibt alpine Arten, die nur wenige Zentimeter hoch sind, man begegnet jedoch auch Bäumen, die über 12 m und mehr messen. Sie können, je nach Art, in reinstem Weiß oder Hellgelb bis zu tiefem Purpur- und Karminrot blühen. Im Juni stehen sie in voller Farbenpracht, und man könnte sich keinen schöneren Anblick vorstellen, als meilenweit mit Rhododendren bedeckte Berghänge in voller Blüte zu sehen.

Zone 4 – Gemäßigter alpiner Vegetationsgürtel 3000 m bis 3500 m ü. M. In Westchina verändert sich das Pflanzenbild oberhalb 3000 m Bergeshöhe sehr stark. Der Bereich bis 3500 m bildet einen Übergang zwischen den gemäßigten und alpinen Zonen. Dieser schmale Gürtel besteht meistens aus Feuchtgebieten und Heide. Doch wenn die Bodenverhältnisse günstig sind, können großartige Bergwaldbestände beobachtet werden. Auf diesen Heiden sind alle Rhododendren zwergwüchsig und bodendeckend. Dichtes Gestrüpp, Sträucher da und dort, insbesondere Berberitzen *(Berberis)*, Spierstrauch *(Spiraea)*, Erbsenstrauch *(Caragana)*, Geißblatt *(Lonicera)*, zwei Fingerkrautarten *Potentilla veitchii* und *P. fruticosa*[4]. Ferner findet sich ein Sanddorn *(Hippophae salicifolia)*, der sich vorzugsweise mit einer Weide, einer stachligen Eiche, mit hartblättrigen Kräutern und Gräsern zusammentut. Es ist klar, daß hier ein zwergiger Bambus undurchdringliches Dickicht bildet. Die Wälder bestehen sozusagen nur aus Koniferen, hauptsächlich aus Lärchen, Fichten, Weißtannen, Hemlocktannen und da und dort einer Kiefer. Einige wenige Exemplare der Rot- und Weiß-Birke, einer Pappel kommen außerdem vor, insbesondere in der Nähe von Wildwassern. Aus welchen Arten sich diese Wälder genau zusammensetzen, darüber weiß noch niemand richtig Bescheid. Damit man sich jedoch vorstellen kann, wie artenreich sie sind, erlaube ich mir zu erwähnen, daß ich auf meiner letzten Forschungsreise Samen von 16 verschiedenen Fichten und von 5 Weißtannen gesammelt habe. Jammerschade ist es, daß diese Waldbestände immer schneller verschwinden, schon jetzt sind sie nur noch an fast unzugänglichen Standorten vorhanden. Die Baumgrenze verschiebt sich je nach Niederschlagsmenge, aber man dürfte sie bei 3050 bis 3800 m Höhe ansetzen.

Zone 5 – Alpiner Vegetationsgürtel. Die alpine Zone liegt zwischen 3200 bis 4875 m Bergeshöhe. Hier haben sich vor allem Stauden und Kräuter angesiedelt, deren Artenvielfalt wirklich erstaunlich ist. Es gibt so viele verschiedene Arten, daß man versucht ist auszurufen: Sie sind nicht zu zählen, so unendlich viele gibt's! Atemberaubend schön ist die Farbenpracht dieser Bergblumenwiesen. Anteilmäßig sind die Läusekräuter am besten vertreten, und zwar mit bemerkenswerten rund 100 Arten. Es sind recht große, gesellig lebende Pflanzen, die zu Tausenden auftreten und in fast allen Farben blühen, ausgenommen Blau und Purpur. Da alle Läusekräuter *(Pedicularis)* als Halbschmarotzer leben, ist es unmöglich sie als Gartenpflanzen zu kultivieren, was sehr schade ist. Kreuzkräuter *(Senecio)*, auch mit rund 100 Arten vertreten, blühen alle gelb, aber die Größe ist sehr verschieden: Sie kommen als Polsterpflanzen und als kräftige Stauden bis zu 180 cm Höhe oder mehr vor. Enziane *(Gentiana)* bringen Blau auf die Farbpalette, sie bilden ungefähr 90 Spezies. Auch sie sind gesellige Pflanzen, und an sonnigen Tagen ist der Boden bedeckt mit blauen Enzianteppichen. Erdrauch *(Fumaria)* und Lerchensporn *(Corydalis)* mit rund 70 Arten zeigen gelbe oder blaue Blumen und haben sich recht gute Plätze erobert. Beeindruckend sind die wundervollen alpinen Primeln *(Primula)*. Diese Gattung ist in China mit mehr als 100 Arten vertreten, wovon im westlichen Teil vier Fünftel vorkommen. Wie der Enzian leben sie vorzugsweise in Gruppen und bilden zur Blütezeit weithin leuchtende Farbflecke (s. S. 114 ff.). Es gibt Arten, die feuchte Standorte vorziehen, andere wachsen auf nackten Felsvorsprüngen, grasigen Felsbändern. Eine der schönsten dieser Gattungen ist *Primula sikkimensis*, die auf Böschungen von Bach- und Flußläufen wächst; wie unsere Wald-Schlüsselblume ist sie hier sehr häufig. Sie lebt gerne mit ihrer rotblühenden Verwandten *Primula vittata*. Andere auffallende Arten sind *Primula cockburniana*, orangerot blühend, eine Farbe, die nur diese Art zur Schau trägt, nicht zu vergessen *Primula verulenta*, die der Japanischen Primel ähnlich sieht, aber viel prächtiger ist mit ihrem 120 bis 150 cm hohen, mehlig bestäubten Schaft, der wundervolle tiefrote Blüten trägt. Auch *Primula veitchii* gedeiht hier und ist am besten vergleichbar mit *P. obconica*. Andere auffällige Arten sind die Bignoniengewächse *Incarvillea compacta* und *I. grandiflora*, beide zeigen große, rotleuchtende Blüten. Die Orchideen sind u. a. mit einem dunkelrot blühenden Frauenschuh vertreten, der sich mit einem überaus großen ‹Pantoffel› schmückt. Natürlich sind auch ungefähr ein halbes Dutzend Scheinmohn-Arten (s. S. 124 ff.) zu beobachten, wie z. B. *Meconopsis henrici* mit violetten, *M. punicea* mit dunkelroten Blüten und die gelbblühende *M. integrifolia* mit ihren riesi-

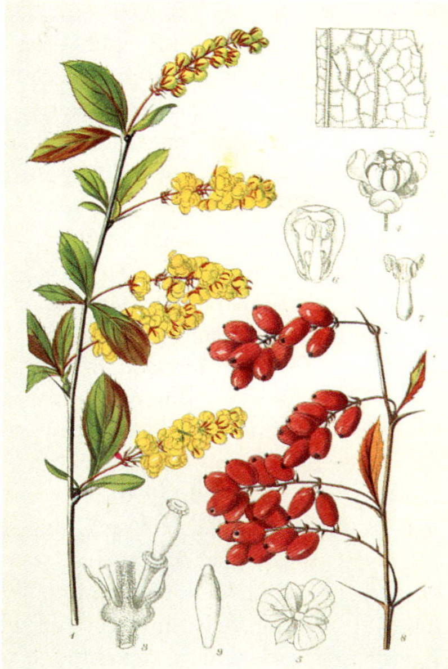

Berberis nitifolia

Berberis replicata

Berberis sinensis

Berberis vernae

Philadelphus delavayi

Pyracantha yunnanensis

Jasminum beesianum

Spiraea bhenryi

gen Blüten, die durchschnittlich 20 cm und mehr messen – vermutlich die prächtigste aller alpinen Pflanzen, die es gibt.

Zone 6 – Höchster (nivealer) Vegetationsgürtel. Die Vegetationsgrenze verläuft ungefähr bei 5000 m. Einige Polsterpflanzen aus den Familien der Rosen- und Nelkengewächse, der Kreuz- und Korbblütler, dazu ein paar winzige Primelarten und ein zwergiger Scheinmohn, *Meconopsis racemosa*, leben hier auf höchster Höhe ohne aufzugeben. Oberhalb dieser Höhengrenze sind nur noch große Moränen und Gletscher vorhanden und mit ewigem Schnee bedeckte Berggipfel. Die Schneegrenze muß bei etwa 5350 m liegen. Obschon dies auf den ersten Blick bemerkenswert ist, kann es leicht erklärt werden, zieht man das trockene tibetische Hochplateau und die in unmittelbarer Nähe gelegenen Bergketten im Westen in Betracht.

Nach dieser knappen Darstellung der verschiedenen Vegetationsgürtel mit den wichtigsten Pflanzenarten, mag es interessieren, auch auf jene Pflanzen hinzuweisen, deren Abwesenheit aufgefallen ist. Folgende Gattungen kommen in China nicht vor: Stechginster, *Ulex*; Ginster, *Cytisus*; Erika, *Erica*; Besenheide, *Calluna*. Ebenfalls nicht vertreten sind bei den Gattungen der Zistrosen *Cistus* und Sonnenröschen, *Helianthemum*. Als Vertreter von Stechginster und Ginster dürfte man mit einigem Vorbehalt vielleicht nennen: *Forsythia*, *Caragana*, *Berberis* und einige Jasminarten. An die Stelle der Besenheide treten zwergige Rhododendren mit winzigen Blättchen, von denen mindestens zwanzig Arten vorkommen. Die Zistrosengewächse sind durch keine repräsentative Gruppe belegt; vielleicht darf man annehmen, daß verschiedene Johanniskrautarten, *Hypericum*, an ihre Stelle getreten sind?

In Mittel- und Westchina ist praktisch kein Weideland vorhanden; solche offenen Landstriche – man denke an das Gemeindeland oder die Allmende im früheren Europa – sind hier bedeckt mit Büschen und Gestrüpp, hauptsächlich bestehend aus Berberitzen, Spierstrauch, verschiedenen Rosen, Stechpalmen, *Caragana*[5], Feuerdorn, *Pyracantha*, *Cotoneaster*, zudem Pfeifenstrauch, *Philadelphus*. Bemerkenswert für diese Flora, insbesondere jene von Westhubei, ist die Tatsache, daß eine große Anzahl von Pflanzen, die in dieser Gegend spontan vorkommen, die lateinische Artbezeichnung ‹*japonica*› führen, in Japan jedoch nur kultiviert vorhanden und ursprünglich in China beheimatet sind. Nur einige bekannte Pflanzen möchte ich aufzählen: *Iris japonica*, *Anemone japonica*, *Lonicera japonica*, *Sophora japonica* (s. S. 127 f.), *Senecio japonicus* und *Eriobotrya japonica*. Einige dieser Pflanzen wachsen in beiden Ländern wild, aber, wenn dieser Tatbestand richtig untersucht würde, so bin ich überzeugt, daß weniger Pflanzenarten in beiden Ländern vorkommen als im allgemeinen angenommen wird.

Die Flora Chinas ist im weitesten Sinne eine eigenständige, für dieses Reich charakteristische, was die bemerkenswert hohe Anzahl endemischer Pflanzen beweist, selbst in bezug zur Größe dieses Landes. Obschon die chinesische Flora im allgemeinen als lokal bezeichnet werden darf, zeigen sich viele ungelöste pflanzengeographische Fragen und Probleme, wie zum Beispiel die Frage, wie man die Präsenz der Flußzeder *Libocedrus (Calocedrus) macrolepis* (Zypressengewächs) in China erklären soll, wenn man weiß, daß die anderen Arten dieser Gattung in Kalifornien, Chile und Neuseeland beheimatet sind. Eine andere bemerkenswerte Besonderheit ist eine Art aus der Rosenfamilie *Osteomeles schwerinae*, die im Hinterland von Westchina spontan wächst; die Wildstandorte der anderen Arten dieser Gattung sind zerstreut auf Inseln des Pazifik zu finden. In diesem Zusammenhang noch eine außergewöhnlichere Tatsache: Auf dem Heiligen Berg Emei (s. S. 59 ff.) kommt *Nertera sinensis* vor, ein Rötegewächs, während die anderen Arten dieser Gattung auf Inseln der Südhemisphäre zu finden sind.[6]

Über ein weiteres interessantes Thema könnten ganze Bücher geschrieben werden, nämlich über die Ähnlichkeit der chinesisches Flora mit benachbarten und entfernt liegenden Ländern. Die Flora des Himalaya ist durch einzelne Pflanzenarten in West- und Zentralchina vertreten; beide Gebiete sind, was ihre Vegetation betrifft, aufeinander bezogen und scheinen verwandt zu sein, was nicht überraschend ist. Hingegen stellen sich Probleme von außergewöhnlichem Interesse, weil Elemente der sikkimschen Flora am stärksten hervortreten. Wenn die Flora von Bhutan und die der Gebiete zwischen

Bhutan und Westchina richtig erforscht würden, vermute ich sehr, daß die Florenelemente von Sikkim pflanzengeographisch die westlichste Grenze für gewisse Arten darstellt und nicht, wie man annimmt, ihr Hauptverbreitungsgebiet. In Westchina begegneten mir oft folgende himalayische Pflanzenarten, die ich hier als Beispiele aufführe: der großblütige Spindelstrauch, *Evonymus grandiflora; Euptelea pleiosperma*[7]; *Clematis montana, Clematis grata, Clematis gouriana* (s. S. 99 ff.); *Rosa sericea, Rosa microphylla* (s. S. 120 ff.); *Primula sikkimensis, Primula involucrata* (s. S. 114); Maiapfel oder Fußblatt, *Podophyllum emodi*, ein Berberitzengewächs; *Amphicome (Incarvillea) arguta*, ein Bignoniengewächs. In der Provinz Yünnan ist klar eine Verwandtschaft mit der malesisch-indischen Flora feststellbar.

Der enorm starke Einfluß der skandinavischen Flora wird veranschaulicht durch folgende Kräuter und Sträucher, die je nach Gebiet verbreitet sind: Eisenkraut, *Verbena officinalis;* Odermennig, *Agrimonia eupatoria;* der scharfe Hahnenfuß, *Ranunculus acris*, Kriechender Hahnenfuß, *Ranunculus repens*, und Gift-Hahnenfuß, *Ranunculus sceleratus;* das Gänsefingerkraut oder Silberblatt, *Potentilla anserina;* der große Wiesenknopf, *Sanguisorba (Poterium) officinalis;* der Rispelstrauch oder Falsche Tamariske, *Myricaria germanica;* Traubenkirsche, *Prunus padus;* Großer Wegerich, *Plantago major.*

Im Norden, in allen Hochtälern und auf allen Bergrücken des Westens sind einige wenige zentralasiatische und sibirische Arten vertreten, wie z. B. ein Spierstrauch, *Spiraea alpina* und *Spiraea laevigata*,

Corydalis wilsonii

Delphinium pylzowii

beides Rosengewächse, wie auch *Cotoneaster multiflora;* die Wiesenraute, *Thalictrum petaloideum;* ein Rittersporn, *Delphinium grandiflorum*, Hahnenfußgewächse; ein Geißblatt, *Lonicera hispida.*

Auf den ersten Blick nimmt man ganz selbstverständlich an, daß die chinesische Flora nicht nur eng verwandt mit der europäischen ist, sondern ganz allgemein mit jener des gesamten asiatischen Kontinents. Diese Annahme erweist sich jedoch als Irrtum. Eine echte Verwandtschaft kann nur mit den Vereinigten Staaten von Nordamerika nachgewiesen werden, und zwar auf der Seite, die an der atlantischen Küste liegt. Zu dieser bemerkenswerten Erkenntnis kam der verstorbene Botaniker Asa Gray, als er in Japan alte Herbarien untersuchte. Unlängst erschienene Arbeiten von chinesischen Forschern, die insbesondere Zentralchina bearbeiteten, haben übereinstimmend dasselbe Ergebnis erbracht und unbestreitbar Asa Grays Annahmen bestätigt. Da gibt es manche Beispiele, wo nur zwei Arten einer Gattung bekannt sind, eine im Osten der USA, die andere in China. In diesem Zusammenhang seien genannt: der Tulpenbaum, *Liriodendron chinense*, in Zentralchina und *Liriodendron tulipifera* in Nordamerika; *Sassafras albidum* in Nordamerika, *Sassafras tzumu* in Zentralchina (Lorbeergewächs); beide Lotosblumen *Nelumbo lutea* und *Nelumbo nucifera.* Eine nicht gerade kleine Anzahl von Pflanzenfamilien sind in China und Nordamerika gleichermaßen vertreten. Meistens kommen in den USA eine Art und in China mehrere vor, aber es gibt auch Fälle, wo es sich umgekehrt verhält. Magnolien geben wertvolle Auskunft über diese Ähnlichkeiten der Flora. Diese Gattung, die weder in Europa noch im Westen von Nordamerika verbreitet ist, ist mit 7 Arten an der nordamerikanischen Ostküste vertreten, in China und Japan mit 19 verschiedenen Arten. Die untenstehende Tabelle soll diese floristisch-pflanzengeographischen Untersuchungen illustrieren.

Selten kommt es vor, daß in beiden Gebieten dieselben Arten vertreten sind. Ein Sonderfall ist das Schirmblatt, *Diphylleia cymosa*, ein Berberitzengewächs. Die Standorte dieser Pflanze sind sehr

Ausgewählte Gattungen, die in China, Japan und an der Ostküste der Vereinigten Staaten von Amerika vorkommen

China und Japan		Vereinigte Staaten von Amerika	
Gattung	Artenzahl	Gattung	Artenzahl
Magnolia	19	*Magnolia*	7
Schisandra	10 (25)[8]	*Schisandra*	1
Itea	10	*Itea*	1
Gordonia	3 (70)	*Gordonia*	2
Hamamelis	2	*Hamamelis*	2
Shortia	3 (5)	*Shortia*	1
Catalpa	5 (9)	*Catalpa*	2 (3)
Acer	5 (ca. 80)	*Acer*	1 (ca. 30)
Wisteria	5 (6)	*Wisteria*	2
Astilbe	10 (12)	*Astilbe*	1
Podophyllum	6	*Podophyllum*	1
Illicium	6 (?)	*Illicium*	2
Stewartia	5 (6)	*Stewartia*	2
Berchemia	8	*Berchemia*	2
Nyssa	1	*Nyssa*	4 (3)
Carya	2	*Carya*	15 (17)

weit voneinander entfernt, d. h. 140 Längengrade, aber zweifellos handelt es sich um dieselbe Art, verschiedene Merkmale sind nicht feststellbar.

Bei den oben aufgeführten Beispielen wurden Pflanzenfamilien erwähnt, die entweder in dem einen oder andern Erdteil vorhanden sind. Andere wieder, wie zum Beispiel Eiche, Hain- oder Weißbuche, Ulme, Esche, Buche und Edelkastanie, kommen überall in den gemäßigten Zonen in der Alten und Neuen Welt vor. Interessant ist, daß die chinesischen Arten den nordamerikanischen verwandtschaftlich näher stehen, als jenen, die in Europa vorkommen.

Der Grund dieses Phänomens muß in der Vergletscherung der Nordhemisphäre während der Eiszeiten gesucht werden. Zu jener Zeit waren die beiden Kontinente Asien und Nordamerika eng miteinander verbunden, ihre Flora erstreckte sich weiter nach Norden. Als die Eisdecken wuchsen und sich allmählich immer mehr ausbreiteten, waren die Pflanzen gezwungen, sich gegen Süden zurückzuziehen. Später, als die größte Kälteperiode vorbei war, schmolzen auch die Eisdecken, und die Pflanzen dehnten sich wieder gegen Norden aus. Aber die Vereisung blieb bei einem südlicheren Breitengrad stehen. Der Landstrich, der vorher mit Wäldern bedeckt war, wurde zwar wieder eisfrei, doch es konnten nur kälteresistente Pflanzen überleben.

Man nimmt an, daß die Umschichtungen während des Tertiärs die Ursache sind, weshalb die beiden Kontinente auseinanderdrifteten und die vorher zusammenhängende Flora entzweischnitten und isolierten. Auch andere Kräftefaktoren spielten eine Rolle, doch der oben erwähnte Grund erklärt annähernd die verwandtschaftliche Beziehung der beiden Floren, obschon sie geographisch so weit voneinander entfernt sind.

Es ist erwiesen, daß das chinesische Pflanzenreich als sehr alt einzustufen ist, eine nicht geringe Zahl alter Arten geben ein untrügliches Zeugnis davon, zum Beispiel der Mädchenhaarbaum oder Silberaprikose, *Gingko biloba*, der früher nicht nur in Asien, sondern auch in Westeuropa, im nördlichen Kalifornien und auf Grönland vorkam, was fossile Funde eindeutig bewiesen haben. Heute kommt er in China[9] und Japan nur noch kultiviert vor. Aus religiösen Gründen haben buddhistische Priester ihn rund um ihre Tempel gepflanzt, so daß er uns erhalten geblieben ist. Zu den alten Gattungen wird auch *Cycas* gezählt, wie die Kopfeibe, *Cephalotaxus*; Nußeibe und Eibe, *Torreya* und *Taxus* gehören ebenfalls zu den alten Pflanzengattungen, die in China wild und kultiviert vorkommen. Alte Farngattungen wie z. B. *Osmunda*, *Gleichenia*, *Marattia*, *Angiopteris* sind in China weit verbreitet und häufig anzutreffen. In diesem Zusammenhang ist es interessant zu erwähnen, daß Augustine Henry seinerzeit in Yünnan eine ganz neue Gattung der Marattiaceae entdeckt hat, die den Namen *Archangiopteris* erhalten hat.

Der außerordentliche Reichtum der chinesischen Flora läßt sich dadurch erklären, daß sie in den letzten Eiszeiten weniger gelitten hat als jene von Europa und Nordamerika. Es wird angenommen, daß die Pflanzen in diesem riesigen Land ohne Behinderung nach Süden ausweichen konnten, während es in Europa die Alpen als unüberwindliche Barriere verhinderten.

Anmerkungen der Übersetzerin

1 In ‹The Natural History of China› (Lit. 283), 1989 erschienen, wird die Artenzahl der Samenpflanzen Chinas mit 27 150 angegeben.

2 Diese Bezeichnung wurde zu Ehren des Verfassers dieser Texte gewählt, des ‹Chinesen› E. H. Wilson. Die Art *Sinowilsonia henryi* ist nur selten als Zierbaum in unseren Gärten zu sehen.

3 Nach Mabberleys ‹The Plantbook› (Lit. 154) werden heute 850 Arten der Gattung *Rhododendron* zugeordnet.

4 Das Strauchfingerkraut, ein beliebter Zierstrauch für Straßenböschungen und Rabatten, ist zirkumpolar und kommt spontan auch in Westeuropa, Nordamerika und Japan vor.

5 Eine Gattung der Leguminosen, die in Europa nicht vorkommt.

6 Heute sind 6 *Nertera*-Arten bekannt; Verbreitung: China, Java, Australien, Neuseeland, Gesellschaftsinseln, Hawaii, Südamerika (Lit. 154).

7 Die *Eupteleaceae* (Lit. 151), nur 1 Gattung, 4 Arten, werden systematisch in die Nähe der Zaubernußgewächse gestellt; kleine laubwerfende Bäume; Zierpflanzen; fossiles Vorkommen im Staate Oregon, USA.

8 Die zum Vergleich in Klammern angegebenen Zahlen sind dem 1990 erschienenen ‹The Plantbook› (s. Anm. 3) entnommen.

9 Wildstandorte wurden in diesem Jahrhundert in China entdeckt (s. S. 86 f.).

Auf Pflanzensuche

Exkursionen im Nordwesten der Provinz Hubei

Am vierten Juni 1910 verließ ich Ichang Richtung Chengdu auf einer neuen Straße, die durch den wilden Teil im Nordwesten der Provinz Hubei führte. Meine Forschungstruppe hatte ich zuvor mit knapp 1000 km Reiseerfahrung ausgestattet, einige Sachkenntnisse beigefügt, zudem meine Begeisterung mitgeteilt, und ich hatte nun das gute Gefühl, daß die kommenden Schwierigkeiten nicht unüberbrückbar sein würden. Beinahe alle Teilnehmer der Gruppe hatten schon bei ähnlichen Expeditionen mitgearbeitet.

Wir entschieden uns für eine Nebenstraße, um nach Hsingshan Hsien zu kommen; diese führte durch das San-yu-tung-Tal. Die Hauptstraße war zu jenem Zeitpunkt wegen Bauarbeiten blockiert, da die Trasse für die zukünftige Hankow-Sichuan-Bahn markiert wurde. Meine Expeditionsgruppe bestand aus zwanzig Trägern, mehreren Pflanzensammlern, die auch gelegentlich anfallende Arbeiten *en route* zu erledigen hatten, einem Stuhl für den Boy und einem zweiten für mich selber. Der Beginn unserer Reise stand keineswegs unter günstigen Vorzeichen. In meinem Tragstuhl sitzend, versuchte ich mich in der mir noch fremden Umgebung zurechtzufinden, als eine der Stangen entzweibrach. Dies verursachte eine Verspätung von einer ganzen Stunde, aber glücklicherweise waren wir in der Nähe eines Weilers, so daß zwei neue Tragstangen ohne Schwierigkeiten beigebracht werden konnten. Der erste Tag bringt meistens unvorhergesehene Verzögerungen, so daß es gut ist, diese schon vorher einzuplanen. Um ein Uhr mittags erreichten wir die Mündung der San-yu-tung-Schlucht, etwa 8 km oberhalb von Ichang, wo wir die Hauptgruppe der Expedition überholten. Es war sehr heiß, und wir machten nur noch knapp 5 km bis Sha-lao-che, insgesamt etwa 17 km. Dieser kleine Weiler besteht aus einigen verstreut stehenden Häusern, das größte davon war unsere erste Unterkunft. Es stellte sich heraus, daß dies eine Branntweindestillerie war; der schale, aber scharfe Geruch stieg uns unangenehm in die Nasen.

Der steil ansteigende Weg durch die San-yu-tung-Schlucht war äußerst interessant; die zerklüftete Felslandschaft bot eine grandiose Szenerie. Jäh erheben sich die Klippen aus hartem Kalkstein bis ca. 1500 m. Hier leben Goral-Ziegenantilopen und andere Tiere, und selbstverständlich haben sich viele Pflanzen in Nischen und Felsspalten angesiedelt, wie z. B. die Chinesische Primel, *Primula sinensis* (s. S. 114 ff.); aber leider war die Blütezeit vorbei, und alle Stengel hatten sich schon der Felswand zugedreht, damit die Samen sicher und ohne Verlust in die Felsspalten deponiert werden konnten. Diese Primel ist eine Verwandte jener Art, die wir in unseren Gewächshäusern ziehen. Insbesondere im Frühjahr, d. h. im Februar und auch noch im März, sind Felsbänder und -vorsprünge hier übersät mit unzähligen rosa- bis mauvefarbigen Blüten, ganze Primelkolonien verwandeln diese zerklüftete Gegend in einen wunderbaren Garten: ein unvergeßlicher Anblick! Wo die Felsen nicht ganz senkrecht abfallen, wachsen kriechende Pflanzenarten. Föhren, *Pinus massoniana*, säumten Grate und Gipfel; *Rosa microcarpa* (s. S. 120 ff.) empfing uns in voller Blüte, und alle anderen Sträucher trugen schon junge Früchte, da die meisten Frühblüher sind.

Am nächsten Tag hatten wir große Verspätung, da ein oder zwei Träger nicht mehr mitmachen wollten, so daß andere gefunden werden mußten. Den ganzen Tag mußten wir einen miserablen Weg in Kauf nehmen, über 10 ½ Stunden marschierten wir und legten doch nur knapp 22 km zurück. Die ersten 5 km führten uns die Schlucht hinauf, die immer enger wurde, und der Anblick war sogar noch schöner als am Vortag. Wir gingen an einer reizvollen Höhle vorbei, die voll von Stalagmiten war. An den feinberieselten Felsen wuchs massenhaft Mädchenhaar-Farn. Diese Felsen sind im ganzen unteren Yangtse-Tal weitherum bekannt als ‹Ichang-Farn-Steine›, die sehr begehrt sind und mit denen ein blühender Handel getrieben wird.

In der Schlucht ist *Parthenocissus henryana* (s. S. 101 f.) häufig, eine Art, die, solange sie jung ist, Blätter mit charakteristischer weißer Aderung als sehr attraktives Merkmal besitzt, das sich jedoch im Alter verliert und sie dann allen andern Arten sehr ähnlich sehen läßt.

Bald wurde die Schlucht unpassierbar, wir mußten die Felsen überklettern. In der Höhe angekommen, sahen wir schließlich weit ins ganze Land hinein. Am auffälligsten waren die terrassierten Felder und Äcker, jeder Bruchteil Erde wird hier kultivert. Die wichtigsten Feldfrüchte waren Weizen und Gerste, deren gelbe Ähren die ganzen Talschaften erhellten; die Erbsen waren ebenfalls reif. Versteckt unter Bäumen, in ein oder zwei Ecken, entdeckten wir Opium-Mohn von sehr geringer Qualität. Birnen- und Pflaumenbäume werden hier am meisten kultiviert; Bambushaine und Zypressenbäume sind vorherrschend. Hie und da sahen wir einen weißgeschwänzten Paradies-Fliegenschnäpper (*Tschitrea incei*) vorüberfliegen und hörten Rufe von Fasanen und einen ähnlich dem des Kuckucks.

Chinesische Primel (Primula sinensis) blüht mauve bis rosa auf Kalksteinfelsen. Aufnahme im San Yu Tung Tal in der Nähe von Ichang, 5. März 1908

Unser nächstes Tagesziel war Niu Ping, was soviel heißt wie ‹Kuh-Dorf›; rings um diesen Weiler waren nur Reisfelder zu sehen, und die Bauern waren dabei, die kleinen Reispflänzchen zu pikieren. Wie überall in dieser Gegend, ist der Boden terrassiert, eingerahmt von Kalksteinfelsklippen, die sich im Kambrium gebildet haben. Bevor wir unser Tagesziel erreichten, kamen wir an einem sehr schönen Gingkobaum vorbei, der merkwürdige wurzelähnliche Auswüchse an den Zweigen aufwies. Auf Blockschuttplätzen am Wegrand, insbesondere aber in Mauerritzen, die die terrassierten Felder umgaben, wuchs häufig *Rehmannia angulata* (Gesneraceae); Pflanzen von 45 bis 60 cm Höhe tragen sechs bis ein Dutzend große, rosafarbene, fingerhutähnliche Blüten. Hier im Dorf wird sie «feng-tan hua» genannt, was ‹Honigbienen-Blume› heißt.

‹Kuh-Dorf› ist winzig klein und zählt höchstens ein Dutzend Häuser. Obgleich wir eingepfercht auf kleinstem Raum übernachten mußten, war es recht komfortabel, und die Menschen waren äußerst freundlich. Von hier aus gibt es eine Straße nach Nanto, das ca. 14,5 km entfernt ist. Als ich 1901 zum ersten Mal diesen Ort besucht habe, war ich vom Tag meiner Ankunft bis zu meiner Abreise Mittelpunkt größter Neugier. Seither bin ich schon ein paarmal hier gewesen, und nun werde ich wie ein guter alter Bekannter behandelt.

Die Nacht war recht kalt, und es war nötig Wolldecken hervorzuholen. Welch klimatischer Gegensatz: In Ichang brachte einen schon der Gedanke an eine Wolldecke zum Schwitzen! Tags darauf brachen wir um sechs Uhr auf. Anfangs mußten wir eine Reihe von Auf- und Abstiegen in Kauf nehmen, bevor wir einen kleinen Fluß erreichten, der bei Ninto in den Yangtse einmündet. Wir gingen flußaufwärts, und nach einigen Kilometern ging es steil bergauf. Mehr oder weniger steil aufwärts wand sich der Weg rund um Berge, in und aus den Bergen: Jedenfalls erreichten wir unser Tagesziel spät, erst abends gegen halb sieben Uhr. Über eine Stunde länger brauchte der letzte Träger, der erst bei Einbruch der Nacht eintraf.

Man hatte uns gesagt, daß die ganze Wegstrecke knapp 30 km betrage, aber wir kamen alle überein, daß sie an die 35 km lang sein muß. Wie lang die

Ginkgobaum (Ginkgo biloba), Baumhöhe 27½ m; Umfang ca. 7 m, Standort in der Nähe von Kiatin (West-Sichuan), 5. Oktober 1908

Distanz auch gewesen sein mag, es war eine harte, langwierige Tagesreise.

Die Berge hier sind jäh und steil, die Klippen scharf wie Rasierklingen. Überall sieht man terrassierte Felder; Reis wird in flachen Landstücken kultiviert, an den Hängen sahen wir Mais und da und dort auf kleinen Flecken sogenannte Irische Kartoffeln. Dort, wo es zu steil ist, oder der Boden aus einem andern Grund nicht zur Bebauung geeignet, sind die Bergflanken mit Sträuchern und Bäumen bedeckt. Am meisten kommen zwergige Eichen vor und die gemeine Föhre. Kleine *Cornus wilsoniana*-Bäume, denen wir hin und wieder begegneten, standen voll in Blüte. An den Waldrändern und Gebüschen wuchsen auffällige Exemplare von *C. kousa*, die ebenfalls blühten. Dieser kleine Baum ist extrem blühwillig; er hat eine flache Krone mit horizontal ausgebreiteten Zweigen, und seine aufrechten Blüten überragen das Laubwerk. Die weißen, sehr auffälligen Brakteen, die manchmal über 10 cm Durchmesser erreichen, verfärben sich und bekommen eine leicht rosafarbene Tönung. Die Frucht ist groß, rot-orange und eßbar. Die chinesische Form dieser Cornusart wird sich in Kultur wahrscheinlich als überlegen erweisen, gegenüber der japanischen, die in unseren Gärtnereien angeboten wird. Dieser Baum bevorzugt einen sonnigen Standort und gut durchlüfteten Boden. Es waren jedoch die Wildrosen, die dem Tag einen ganz besondern Anstrich gaben. An beiden Flußufern sahen wir häufig die Kletterrose *Rosa multiflora*, weiß- und rosablühend. In den etwas höher gelegenen Wäldern war die Luft erfüllt mit dem süßen Duft der *Rosa moschata* (s. S. 120 ff.). Da und dort beobachteten wir, wie *Actinidia chinensis* große Bäume erklomm und diese mit ihren weißen und gelblichen Blüten geradezu einwickelte. Immer wieder entdeckten wir die schon zitierte *Rehmannia angulata*, die besonders verbreitet an steilabfallenden, voll besonnnten Felsvorsprüngen wuchs.

Wir erreichten unser Tagesziel Lao-mu-chia, Meereshöhe ca. 1070 m, sechs, sieben Häuser, eine Ziegelfabrik. Die Bewohner leben vom Holzkohlebrennen und bringen ihre Ware nach Nanto. Tagsüber sahen wir mehrere Männer beladen mit Ballen aus Blättern von Birne und Holzapfel, die als Tee-Ersatz verwendet und von hier aus nach Shansi exportiert werden.

Kurz nachdem wir Lao-mu-chia verlassen hatten, mußten wir einen sehr steilen Aufstieg in Kauf nehmen, der uns zum Gipfel des Hsan-lung shan führte. Hier steht ein kleiner, verfallener Tempel. Danach folgte ein sehr steiler Abstieg von über 100 m. Über und zwischen den Hügelrücken wand sich der Weg in Serpentinen durch granitischen Gneis, der sich rasch zersetzt. Zu guter Letzt mußten wir bis zum Bett eines Wildbachs absteigen, um die Hauptstraße von Ichang nach Hsingshan hsien zu erreichen.

In der Gipfelregion von Hsan-lung shan (Kalkstein aus dem Kambrium) ist der Chinesische Tulpenbaum *Liriodendron chinense*, verbreitet, ebenso die Schneeballart *Viburnum tomentosum* (s. S. 126 f.), deren Zweige von schneeweißen Blüten strotzen. *Styrax hemsleyanum* und *Amelanchier asiatica* var. *sinica* sind andere bemerkenswert schöne Bäume mit einer Überfülle weißer Blüten. Besonders prächtig und auffallend in offeneren Hanglagen sind *Symplocos crataegoides*, *Lonicera maackii* var. *podocarpa*, *Diervilla (Weigela) japonica* (s. S. 136 f.) und *Crataegus cuneata*. In lockeren Wäldchen wachsen *Pinus massoniana* und die Edelkastanie *(Castanea)*; die Stämme der Föhren weisen tiefe Schnittwunden auf, da die Borke hier in dieser Region zum Feuern verwendet wird. In Waldlichtungen wuchert geradezu *Rubus coridifolius*, eine Art mit roten, himbeerähnlichen Früchten, die einen köstlich säuerlichen Geschmack haben und mit Genuß verzehrt wurden. Beim Abstieg sahen wir einen kleinen strauchartigen Baum mit aufrechten, weißblühenden Rispen, *Dipteronia sinensis* (Aceraceae), dann auch wieder die verbreitete Kiwi, *Actinidia chinensis*. Die zwittrige und männliche Form dieses Kletterers begegneten uns, sie haben große weiße Blüten, die bald gelblich werden; beide duften sehr angenehm. Eine rein weibliche Form ist mir bis heute nicht bekannt.

Als wir unten ankamen, befanden wir uns auf der Hauptstraße, die von Ichang nach Hsingshan hsien führt. Wir folgten ihr und erreichten um fünf Uhr abends das Dorf Shui-yueh-tsze, das etwa 100 Häuser zählt. Das Land rundum war ziemlich eben und günstig für den Reisanbau. Die Leute hier waren sehr neu- und wißbegierig, so daß ich einen ‹Empfang› improvisierte, der erst endete, als es Zeit war, ins Bett zu gehen.

Die nächstfolgende Tagesreise erwies sich als interessant, war aber sehr mühsam. Hügelauf und hügelab stiegen wir, hinunter ins ‹Wellental› und hinauf auf den Hügelkamm, immerfort bis zur Paßhöhe. Man nennt ihn T'an-shuya (‹Lindenbaum-Paß›), weil hier eine *Tilia henryana* steht, die über 25 m hoch ist und einen Umfang von über 8 m hat. Zwar ist sie innen hohl, scheint sich aber bester Gesundheit zu erfreuen. Ihre jungen Blätter schimmern silbern. Diesen berühmten Lindenbaum sieht man kilometerweit, und er wird wegen seiner Größe oft besucht und wegen seines hohen Alters verehrt.

Zuerst gingen wir durch ein Gebiet, das nur Anbauflächen aufwies, es folgte die Durchquerung einer Schlucht von knapp 10 km, dann bot sich plötzlich ein überwältigender Ausblick: Senkrechte Kalk-

Ichang Fu Stadt (West-Hubei) am Yang tse Strom, der bis zur Mündung ungefähr 1500 km zurücklegt, 1. März 1909

steinfelsen erhoben sich vor uns, die mindestens 300 m hoch waren. Im oberen Teil der Schlucht ist die Flügelnußart *Pterocarya hupehensis* verbreitet, insbesondere am Rand von verbrannter Erde. Ein oder zwei Exemplare des seltenen *Pteroceltis tatarinowii*[1] waren zu sehen, und die Banks-Rose, *Rosa banksiae*, beherrschte die ganze Schlucht. Ihre 3 bis 6 m großen Sträucher waren überdeckt mit Massen von duftenden weißen Blüten. Diese Rosenart lebt vorzugsweise auf felsigem Untergrund und überzieht üppig die Felsbuckel, insbesondere längs von Bach- und Flußläufen (s. S. 120 ff.). Mit aufrechten Scheindolden und duftenden gelben Blumen fällt die *Caesalpinia sepiaria* (Leguminosae) auf, die hier besonders häufig ist. Es muß auch auf eine Sternanisart mit dumpf zinnoberroten Blüten, *Illicium henryi*, verwiesen werden, die hier nicht selten vorkommt.

Beim Schluchtausgang empfing uns ein ziemlich breiter Fluß voll mit riesigen Felsblöcken. Wir gingen weiter flußaufwärts und mußten nach kurzer Zeit einen sehr steilen Aufstieg von etwa 300 m Höhenunterschied überwinden. Wir überquerten einen Grat, dem ein eher flaches Stück folgte, dann ein steiler Abstieg und schließlich eine Straße, die nach Shih-tsao-che führte, wo wir bei einbrechender Nacht eintrafen. In diesem schmalen Tal lag ein Weiler mit etwa einem Dutzend Häusern.

Während unserer Tagesexkursion hatte ich etwa dreißig verschiedene Gehölze gesammelt. Besonders bemerkenswerte Funde waren u. a. *Dipelta floribunda*[2] und eine Felsenmispel *(Amelanchier)*. *Juglans regia*, der Walnußbaum, und *Rhus vernicifera*, der Lackbaum, sind auf 900 m recht häufig anzutreffen. Berghänge und Anhöhen sind mit Föhren und mit Eichen bestanden. Wir sahen auch mehrere schöne Weiden und *Ailanthus*-Bäume (s. S. 89). In Fülle kommen *Primula obconica*, *Lysimachia crispidens* vor und eine besonders hübsche, blaublühende Salbeiart. In der Nähe des Gasthauses wuchsen einige *Catalpa fargesii* (s. S. 133 f.), die aber noch keine Blüten zeigten, ebenso ein Seidelbast, *Daphne genkwa*, der rings um den Weiler oft zu sehen war.

Am andern Morgen regnete es ein wenig, und tagsüber gab es Schauer, trotzdem war das Wetter gut für unsere Exkursion, weil es nicht so warm war. Diesmal führte uns unser Weg meistens abwärts. Morgens, bald nach unserem Aufbruch, überquerten wir einen oder zwei Hügelrücken, dazwischen lagen schmale Plateaus, und gegen Mittag stiegen wir nach Hsingshan hsien hinunter. Es gab sehr abschüssige Teilstücke, dennoch waren fast alle Hänge bebaut. Ungefähr in der Mitte des Wegs sahen wir ein Kohlebergwerk, das, wie uns schien, keine gute Qualität lieferte. In der Nähe von Hsingshan standen Papiermühlen.

Hsingshan, der einzige Bezirksort hier in dieser Wildnis, ist vermutlich eine der ärmsten und kleinsten aller hsien (d. h. chinesisch «Stadt 4. Klasse»). Kaum hundert Häuser liegen am linken Flußufer, die meisten sind beinahe verfallen. Dem Fluß gegenüber steht eine Mauer, die knapp 2½ bis 3 m hoch ist. Eine Straße – wie man uns sagte, die Hauptstraße – hat man auf dieser Mauer angelegt. Das Osttor ist wegen der hier durchgeleiteten Abwässer nicht passierbar, das Nordtor so niedrig, daß man nur kriechend hindurchschlüpfen kann! Die ganze Stadt macht einen düsteren, toten Eindruck; nicht einmal Händler haben sich hier eingenistet. Nur eines gibt es hier in Mengen, wie überall in China: Kinder. Die Stadt wird von einem sehr steilen Berg dominiert, der beidseitig von einer Mauer umgeben ist; dazwischen sind terrassierte Felder angelegt. Das Wasser des breiten Flusses ist durchsichtig, glasklar, der Grund dicht mit Kieselsteinen bedeckt. Schwere Kähne, Dschunken, befahren regelmäßig die Strecke zwischen Hsiang-t'an und Hsiang-che, einem Dorf am oberen Ende der Mitan-Schlucht des Yangtse. Niemand bleibt in Hsingshan, und auch wir gingen weiter nach Hsiang-t'an, was soviel heißt wie ‹duftender Wildbach›: Es mag sein, daß das Wasser gut ist, das Dorf selber jedoch ist verfallen und stinkt. Zudem mußte noch ein widerspenstiger Träger mit Gewalt entlassen werden, bevor wir uns endlich schlafen legen konnten.

Die Pflanzenausbeute von diesem Tag war mager. Was wir sahen, war eine großartige Konifere, die knapp 25 m hoch war mit einem Umfang von ungefähr 5 m, *Keteleeria davidiana* (Pinaceae). Sie überschattete einige Gräber und muß in längst vergangener Zeit gepflanzt worden sein. Beim Abstieg kamen wir an einem *Crataegus hupehensis*-Baumgarten[3] vorbei. Hin und wieder begegnete uns die interessante *Toricellia angulata*[4], und da und dort bewunderten wir riesige Exemplare von *Mucuna sempervirens* (Fabaceae), die hohe Bäume überwucherten. Auf den Hochebenen wuchs häufig *Catalpa ovata*, dazu eine seltene, aber interessante kleinblättrige Pappel, die rund um die Bauernhäuser anzutreffen war.

Hsiang-t'an, ein wichtiger Hafen der Yangtse-Schiffahrt, ist stolz auf seine Stellung in Handel und Verkehr. Den größten Exportanteil haben Heilmittel. Aus Walnußholz grob geschnitzte Gewehrschäfte nehmen jährlich mengenmäßig zu und werden nach Hangyang gebracht, wo sie zu einem guten Preis stückweise bar verkauft werden. Das Dorf liegt am linken Ufer des Flusses und verfügt über eine Opium-Likin[5]. Schweine scheinen hier mehr wert zu sein als menschliche Wesen, dies muß ich feststellen, nachdem ich diesen Ort viermal besucht habe. Es liegt nur 900 m höher als Ichang, das Klima ist warm und trocken.

Wir verließen Hsiang-t'an, überquerten den Fluß mit der Fähre und begannen unseren Tagesmarsch. Beim Anstieg kamen wir in ein schmales Tal, das sich bald in einen Wildtobel verengte und sich schließlich als überwältigend schöne, wilde Schlucht entpuppte. Wir wählten einen schmalen Pfad, der sich später in einen anstrengenden Kletterweg verwandelte. So gelangten wir aus der Tiefe auf die uns umgebenden Bergeshöhen. Bei diesem Aufstieg war die Moschusrose, *Rosa moschata*, ein wunderbarer Anblick, und *Loropetalum chinense* (s. S. 119 f.) kam reichlich vor, doch die Blütezeit war schon vorbei. Als wir die Höhe erreicht hatten, führte uns ein Pfad über wellenförmig verlaufende Querrücken. Unser Ziel war Peh-yang-tsai, ein Weiler, wo wir Unterkunft fanden in einem neuen Bauernhaus, das recht sauber war.

In der Schlucht hatte ich wiederum *Rehmannia henryi* gesehen, eine fast 30 cm hohe Staude mit wei-

Bergtal bei Hsing shan hsein knapp 1200 m ü. M., der Höhenunterschied zwischen Flußniveau und den Berggipfeln mißt zwischen 600 und 1200 m, 15. Juni 1910

ßen, fingerhutähnlichen Blüten. Hier in dieser Gegend wird Wurzelrinde von *Rosa banksiae* gesammelt, getrocknet, gepreßt und in Ballen nach Shasi exportiert. Diese Rinde wird zum Färben und zur Verstärkung von Fischernetzen verwendet; man sagt, daß dieses Verfahren das Netzwerk für die Fische unsichtbar mache. Im Tal unten kommt ein endemischer Blasenbaum vor, *Koelreuteria bipinnata* (s. S. 79 f.), jedoch nur selten; die Flora in der Schlucht gleicht im allgemeinen jener im San-yu-tung-Tal. Die Berghänge sind dicht bewachsen mit Eichengebüsch, Zypressen und *Pinus massoniana.* Einige *Keteleeria*-Bäume kommen vor, auch *Liquidambar formosana.* In dieser Region sieht man häufig *Populus silvestrii,* eine Pappel, erkennbar an ihrer hellgrauen Borke. Holzölbäume[6], die ebenfalls sehr gut vertreten waren, erfreuten das Auge. In der Schlucht unten hatte das Laub schon ausgetrieben, ja die Früchte begannen bereits sich zu runden; auf Bergeshöhe von 500 bis 1000 m waren die Blätter noch nicht entwickelt, aber die Bäume dafür voll mit Blüten bedeckt. Unten in den Flußtälern ist die Kletterrose *Rosa multiflora* heimisch und lieblich anzuschauen mit ihren weißen und rosa Blüten. Doch die Moschusrose, *Rosa moschata,* übertraf an diesem Tag alle anderen: 1,8 bis 2 m hohe Sträucher mit 3 bis 4½ m dicken Stämmen sahen wir mit entfalteten, duftenden Blüten. Auf einigen alten Gräbern bemerkten wir eine seltene, gelbblühende Form von *Rosa banksiae;* ich nehme an, daß sie dort angepflanzt worden ist. Man könnte die Gegend ‹Land der Rosen› nennen, sie sind es, die charakteristisch sind, sie geben den Ton an und sind auch zahlenmäßig am besten vertreten (s. S. 120 ff.). Rund um unsere Unterkunft hatte man *Eucommia ulmoides*[7] angepflanzt; die Borke wird seit altersher medizinisch verwendet, u. a. als Stärkungsmittel.

Peh-yang-tsai ist ein kleines Nest mit zerstreut stehenden Häusern. Diese Ortschaft liegt in einem engen Tal auf ca. 750 m ü. M. Gegenüber unserer Unterkunft erhebt sich ein wuchtiger Gipfel, der Wan-tiao shan heißt. Vorne zeigt er eine jäh abfallende Wand aus hartem Kalkstein, die Gipfelregion scheint indessen bewaldet zu sein. Die Bewohner des Weilers waren außerordentlich freundlich und hilfreich, wie übrigens überall in China in ländlicher Gegend. Unser Aufenthalt war sehr angenehm, es war ein Vergnügen mit diesen Menschen zusammen zu sein. Wan-tiao shan schaute so verführerisch zu uns herunter, daß wir ihn einfach nicht links liegen lassen konnten.

Einen vollen Tag – zudem war es ein harter Tag – brauchten wir, um Aufstieg und Abstieg zu bewältigen. Wir verließen um acht Uhr früh unsere Unterkunft, mehrere Stunden dauerte es, bis wir all die Felsvorsprünge und bebauten Äcker umgangen, bis wir die dicht mit niedrigem Gebüsch bewachsenen Bergflanken überwunden hatten, und dann endlich die Gipfelregion erreichten. Auf etwa 1800 m Höhe gerieten wir in ein Bambusdickicht. Ein Feldweg führte uns zu einer Rhabarberpflanzung; diese Pflanze wird hier insbesondere für medizinische Zwecke verwendet. Ab ca. 1850 m bestand die Vegetation hauptsächlich aus Gehölzen. Am Waldrand entlang waren ‹huang-lien›-Plantagen angelegt; es

Aufnahme in Taning hsien (Ost-Sichuan) ca. 1200 m ü. M. Höhenunterschied zwischen Standort und den Gipfeln der Kalksteinberge mißt ca. 900 m, 24. Juni 1910

handelt sich hier um das sehr interessante Hahnenfußgewächs *Coptis chinensis*[8]. (Zur bequemeren Ernte werden besondere Holzgestelle angefertigt, die etwa 1 m über dem Erdboden stehen.)

Danach schlängelte sich der Bergweg durch Niederholz, das durchsetzt war mit Bambusgestrüpp. Da dieser Vegetationsgürtel nur schmal ist, nahmen schon kurz darauf mächtige Bäume den Platz ein. Erst 150 m unterhalb des Gipfels behinderte uns wieder dichter Bambusbestand. Über 1500 m Höhe wird der Wald lichter, so daß die Sonnenstrahlen ungehindert einfallen können. Hier wächst dichter struppiger Bambus, was den Aufstieg nicht nur äußerst anstrengend, sondern manchmal geradezu unmöglich macht, wenn man sich nicht selber einen Pfad schlägt. Im dichten Waldschatten hingegen, kann Bambus sich nicht entwickeln. Der prächtige Wald mit schönstem Holzbestand war eher artenarm.

Am verbreitetsten war die mehrstämmige Chinesische Buche, *Fagus sinensis:* Exemplare von etwa 18 bis 21 m Höhe und mit einem Umfang von 1 bis 1,8 m waren nicht selten. Der interessante *Tetracentron sinense*[9] kommt ebenfalls häufig vor; Bäumen über 21 m Höhe und mit einem Umfang von 1,8 bis 3 m begegnet man alles andere als selten. Charakteristisch ist das sehr dünne Blattwerk dieser Baumart. Verstreut kommen die Weiße Birke und mehrere Ahornarten in diesem Mischwald vor. Auch den Taubenbaum, eine Varietät mit weichem Laubblatt, *Davidia involucrata*, var. *vilmoriana*, sahen wir hie und da. Große und schöne Exemplare verschiedener Kirschen erblickten wir ebenso wie Vogelbeerbäume, Bergeschen und wilde Birnbäume. Die *Berchemia giraldiana* (Rhamnaceae) überklettert die größten Bäume. Mehrere Arten von Rhododendron kommen vor, von denen eine, *Rhododendron sutchuenense*, baumförmig ist und mehr als 18 m hoch wird; oft hat sie einen Umfang von 1½ m. Verschiedene Straucharten gab es in reicher Vielfalt. Die Lichtungen waren besetzt von *Viburnum tomentosum*, einem wahrhaft leuchtend weißen Schneeball. Auf offenen Standorten verwandelt sich die Moschus-Rose in einen kriechenden Strauch. In Gipfelnähe fanden wir *Rosa sericea* am häufigsten (s. S. 120 ff.). Der Boden flachte sich zusehends ab, war leicht wellig, ungefähr ein Ar umfassend, alles von Gräsern und einigen Sträuchern bewachsen.

Auf dem höchsten Punkt stand ein beinahe verfallenes Tempelchen. Im Norden verbindet ein Felsgrat den Gipfel mit den Nachbarketten. Zwei Seiten bestehen aus nahezu senkrechten Wänden, die über 600 m steil abfallen. Vom Gipfel in ca. 2400 m Höhe hatten wir eine ausgedehnte Rundsicht. So weit das Auge reichte: Berge, nichts als Berge und nochmals Berge! Gegen den Norden hin sind sie sozusagen eng aneinander aufgekettet, werden getrennt durch äußerst schmale Einschnitte, in die sich im Laufe der Jahrtausende Wildbäche gegraben haben. Wenig einladend und beschwerlich zeigte sich das vor uns liegende Bergland, aber der Ruf des Unbekannten war unwiderstehlich stark, und so folgten wir ihm. Da kein anderer Weg für den Abstieg vorhanden war, blieb uns nichts anderes übrig, als für den Rückweg denselben zu wählen wie für den Aufstieg. Als wir bei unserer Unterkunft eintrafen, dämmerte es schon. Die Belohnung unserer Anstrengungen: Über vierzig neue Pflanzen hatten wir gesammelt, darunter seltene Arten, die besonders interessant waren. Buchs ist der häufigste Strauch in der Gipfelregion. Beim Abstieg entdeckte ich außerdem eine neue Fliederart, *Syringa verrucosa* (s. S. 83).

Am nächsten Tag gingen wir nordwärts. Etwas oberhalb Peh-yang-tsai durchquerten wir ein Wäldchen mit Niederholz, das hauptsächlich aus der Kleinen Eiche, *Quercus variabilis*, bestand. Hier wurde ein besonderer Pilz angebaut, das sogenannte Judenohr, der folgendermaßen kultiviert wird: Etwa 15 cm dicke Eichenschößlinge werden abgeschnitten, die Zweige entfernt und in 20 bis 25 cm dicke Stücke geschnitten; dann werden sie einige Monate lang auf den Erdboden gelegt, damit das Pilzmycel sie infizieren, sie besiedeln kann. Danach werden die Eichenholzstücke in schräger Lage in Furchen oder Kerben gesteckt, so daß sich ohrenförmige Pilze von gallertartiger Konsistenz entwickeln können. Die chinesische Küche wertet sie als Delikatesse. Ich habe davon gegessen, fand aber keinen Geschmack daran, und das ganze Experiment trug mir nur eine schlimme Magenverstimmung ein!

Wir verließen diese Pilzkulturen und folgten einem Sträßchen, das sich etwa 2 bis 5 km lang durch ein Tobel zwängte. Viele Sträucher waren hier in voller Blüte, und ich sammelte verschiedene Pflanzen, darunter eine neue gelbblühende Gattung, die nahe verwandt mit *Holboellia* (Lardizabalaceae) ist. (Ich habe später Samen von dieser Pflanzenart mitnehmen können, die den Namen *Sargentodoxa cuneata* erhalten hat; auch gelang es mir, sie nach Europa einzuführen und zu kultivieren.) Nach dem Tobel führte uns ein steiler Bergweg durch Eichen-Birken-Wälder, später zu terrassiertem Kulturland mit vielen Teesträuchern und zwei oder drei Häusern in der Umgebung. Neben einem dieser Häuser wuchs der Chinesische Kaffeebaum, *Gymnocladus chinensis* (Leguminosae); seine Hülsen enthalten Saponin; man braucht sie für die Wäscherei.

Nach den Teeplantagen führte uns die Straße durch Föhrenwälder, der Weg war manchmal leicht und angenehm, manchmal schwierig, aber immer stetig steigend. Wir waren alle froh, als wir unser Ziel Hsin-tien-tsze erreichten. Hier fanden wir einen vielfältigen, alten Baumbestand vor, insbesondere sommergrüner Arten. Ich notierte eine Roßkastanie, *Aesculus wilsonii*, zwei Birkenarten, dazu *Styrax hemsleyanum* (Styracaceae), *Meliosma veitchiorum* (Sabiaceae), den Taubenbaum und mehrere verschiedene Arten von Ahorn und Eichen, alles große, alte Baumexemplare. Am Waldrand bemerkte ich eine Schneeballart, *Viburnum ichangense*, die besonders schön war, viele Pflaumen- und Kirschen, entweder mit rosa oder weißen Blüten, alle mehrmals vorkommend. An schattigen Feuchtstandorten bedeckte eine blaue Primel, *Primula ovalifolia*, meilenweit ganze Flächen. Eine gelbblühende Sockenblume, *Epimedium*, und *Hylomecon japonica* (Papaveraceae) wuchsen häufig im Waldesinnern und auch im Unterholz am Waldsaum entlang.

Der Weiler Hsin-tien-tsze auf etwa 1700 m Höhe besteht eigentlich nur aus einem großen Haus, das unterhalb des Gipfels am Hang gebaut worden ist, gleich neben dem Grat. Von hier aus hat man die allerschönste Rundsicht: Berge, steile Berge, soweit man sehen konnte, und keine einzige ebene Stelle! Obwohl wir auf engstem Raum zusammengepfercht waren, war unsere Unterkunft doch recht komfortabel, viel besser jedenfalls als erwartet, hier in dieser Wildnis, in diesem verlassenen Erdenwinkel.

Am nächsten Tag machten wir uns frühmorgens auf den Weg, da wir ganze 30 km zwischen Hsin-tien-tsze und Mao-fu-lien hinter uns bringen mußten. Gleich beim Verlassen des Weilers kamen wir in einen Ahornwald, der besonders artenreich war. Die *Davidia*, der Taubenbaum, und die Birke waren verbreitet, doch der interessante *Cornus sinensis* kam nur da und dort vor, und zwar als dünner Baum von ungefähr 18 m Höhe. *Pinus armandii* konnte man ebenfalls beobachten, sonst aber waren Koniferen in dieser Gegend sehr selten. Zuerst folgten wir einem sehr schmalen Bergpfad an Felswänden entlang, dann wand und schlängelte er sich steil hinauf. Endlich konnten wir eine Gratlücke überqueren. Doch dahinter mußten wir einen halsbrecherischen Abstieg von mehreren hundert Metern in Kauf nehmen. Dabei fand ich eine neue Pappel, deren junge Blätter rotbraun gefärbt waren; diese Art sah ich mehrmals. Beim Abstieg sammelte ich zudem *Primula violodora*, *Rhododendron augustini*, *Acer griseum* und eine rosafarbene *Staphylea* (Pimpernuß), die beiden letzteren bereits richtige kleine Bäume. Der interessanteste Fund jedoch war eine neue Hortensie, *Hydrangea sargentiana* (s. S. 92 f.), die mir als 1,5 bis 1,8 m hoher Strauch auffiel, mit dicken, filzigen Zweigen und großen Blättern mit samtenem Glanz, die ohne Blüten von auffallender Schönheit sind.

Unten angekommen, gingen wir durch einen kleinen Föhrenwald der nur aus *Pinus henryi* bestand: Bäume, oft über 18 m hoch, mehr oder weniger pyramidenförmig, mit meist schwarzer rauher Borke, die sich im oberen Teil rötlich verfärbte. Die Zapfen variieren in Größe und Form und bleiben mehrere Jahre lang am Baum hängen. Unten im Tal, unweit von diesem Föhrenwald, stießen wir auf große Plantagen von Walnußbäumen und *Cunninghamia*, der Spießtanne. Wir verließen dieses Tal, und ein langer, aber einigermaßen leichter Aufstieg führte uns hinauf auf einen weiteren Grat und in ein weiteres Tal. Dieses ewige Bergauf und Bergab war höchst mühsam, die Auf- und Abstiege wiederholten sich Tag für Tag mit regelmäßiger Stetigkeit, was uns sehr entkräftete. Dann noch ein letzter Aufstieg über 600 m Höhendifferenz, und wir erreichten unser Tagesziel. Hier fanden wir ein Gasthaus, das zugleich ein Depot für Medizinalpflanzen war.

Es gehörte einem wohlhabenden Mann aus Kiangsi. Diesem zweistöckigen Haus waren mehrere Nebengebäude angegliedert, die einen weiträumigen Innenhof umgaben. Da nicht genug Bodenfläche zur Verfügung stand, hatte man den vorderen Teil des Hauses auf säulenartige Pfosten gebaut. Der Hauskomplex diente der gesamten Bevölkerung dieser Talschaft als Lagerhaus, dazu schien es noch so etwas wie ein Museum zu sein. Schmutz und Dreck in jeder Form hüllte alles ein, und der Gestank der Schweineställe wurde nur etwas erträglicher durch den aromatischen Duft verschiedener nebenan gelagerter Heilpflanzen. Der Geist des Hauses war von Geschäftstüchtigkeit bestimmt, was ich am eigenen Leibe erfuhr, als ich Silbergeld wechselte und eine Ziege kaufte. Rituale der Ahnenverehrung wurden morgens und abends strikt befolgt; umsichtig wurde alles getan, um Wohlergehen und Reichtum zu sichern. Weihrauch und Räucherkerzen anzünden, gewisse mystische Kniebeugungen vollziehen, mag zwar den Geschäften dienlich sein, aber es würde Fremde mehr beeindrucken, wenn etwas mehr Sauberkeit, etwas bessere sanitäre Anlagen vorhanden wären.

Am nächsten Tag regnete es, was uns aber nicht eigentlich störte, da wir einen Ruhetag eingeschaltet hatten. Am Vormittag ging ich für einige Stunden fort, um die Wälder rund um Mao-fu-lien zu untersuchen. Ich sah einige sehr große Sassafrasbäume, *Sassafras tzumu*, von denen das größte Exemplar sicher über 30 m maß und einen Umfang von ungefähr 3½ m hatte. Die chinesische Sassafras-Art ist als

Trauerweide (Salix babylonica), 26. Mai 1908

Unser Bergweg führte durch einen Natur-Tunnel auf ca. 750 m ü. M., Tunnellänge ca. 45 m. (Ost-Sichuan), 1. Juli 1910

Heilpflanze wertlos; man macht Brennholz aus dem Stamm, oft auch Kisten. Eichen gibt es viele, sie sind bestandbildend. Eine besondere Edelkastanie, *Castanea vilmoriniana*, kommt vor, die eine einzige eiförmige Frucht in der stacheligen Hülle hat; ihre Blüten riechen unangenehm. Rund um das Gasthaus sind viele Gummibäume angepflanzt, ebenso *Magnolia officinalis*. Häufig sind auch Walnuß- und Lackbäume zu sehen. Hinter dem Haus befindet sich eine schöne Fichte mit flachen Nadeln, *Picea pachyclada*. Oben in der Höhe ist der Boden mit Gräsern, Brombeeren, Eichengestrüpp bedeckt, alles durchsetzt mit dem rosa blühenden *Rhododendron mariesii* und dem zinnoberroten *Rh. indicum*. Vom Gasthaus aus sieht man, so weit das Auge reicht, nur steile Felskämme und hohe Berge, die von tiefen, schmalen Spalten zerklüftet sind. Es ist in der Tat eine faszinierende Berglandschaft, Tatsache ist auch, daß es äußerst strapaziös ist, diese zu durchwandern!

Ein schöner Morgen folgte dem Regentag, das Land rundum zeigte sich in frischem Kleid, und herrlichster Wohlgeruch von all den blühenden Blumen ringsum lag in der Luft. Die Träger brummten und schimpften über die überzogenen ‹Hotel›-Preise, und es vergingen mehrere Stunden bis sie ihre gewohnt gute Laune wiedergefunden hatten. Da und dort sahen wir *Staphylea holocarpa*, einen kleinen, reichblühenden Baum mit weiß- oder rosafarbenen Blüten; er ist hier recht verbreitet und von auffälliger Schönheit. Eine andere interessante Pflanze ist *Salix fargesii*, eine Weide von zwergigem Wuchs, die breite, dunkelgrüne Blätter hat (s. S. 134 ff.). Der Endpunkt unseres Abstiegs wurde von

Deutzia discolor var. *purpurascens*

Deutzia setchuenensis

einem Bergbach gekennzeichnet. Ein neuer, äußerst ermüdender Aufstieg von mehreren Stunden folgte, um einen weiteren Grat zu erreichen, der etwa 2300 m hoch war. Dabei entdeckte ich eine neue Fichtenart mit kurzen, fast viereckigen Nadeln und kleinen Zapfen, ebenso die Hemlock-Fichte. Auf Felsklippen hatte sich eine Buchsart angesiedelt, *Buxus microphylla;* auf grasigen Felsbändern blühte eine rosa Primel. Auf den windgepeitschten Felskuppen vermochte sich ein Zwergbambus zu halten, der sich, undurchdringliche Dickichte formend, dort wohlzufühlen schien. Bald darauf gelangten wir beim Abstieg in lichtes Birkengehölz, später in schöne Laubmischwälder mit einigen Koniferen und interessantem Unterholz. Hier verbrachten wir eine höchst ergiebige Zeit, wobei wir mindestens fünfzig verschiedene Gehölze sammelten. Wir sahen ein oder zwei große Davidia-Bäume und viele *Tetracentron*. Die verschiedensten Kirschen standen in voller Blüte; ich glaube wir sind jeder Varietät begegnet. Ein wunderbarer, unvergeßlicher Anblick diese Millionen von weißen oder rosa Blüten! Drei Arten von *Rhododendron* wurden gesammelt, sechs aufgelistet. Verschiedene Ahorne sind hier verbreitet, aber ein großer Baum von *Acer griseum* mit walnußroter Borke gewann den Schönheitspreis des Tages. Verschiedene *Pomoïdeae*, apfelähnliche, und eine oder zwei Arten der *Lauraceae* bildeten einen großen Teil des Niederholzes. Schneeball-, verschiedene Geißblattarten, Weigelas, Deutzias, Philadelphus und *Neillia sinensis* kamen überall in Mengen vor. Auf offenen Standorten mit felsigem Untergrund sahen wir besonders zufrieden aussehenden *Viburnum rhytidophyllum* mit langen, dicken, runzligen Blättern (s. S. 126f.). Auf stark besonnten Standorten bewunderten wir einen besonderen Holzapfel, *Malus* sp., mit einer Fülle von rosafarbenen Blüten, wahrlich ein göttlicher Anblick! Und auf feucht humosem Boden mit felsiger Unterlage gedieh üppig und in großen Mengen die schöne Orchidee *Pleione henryi.* Verschiedenste Stauden und Kräuter in schier endloser Zahl besiedelten jede mögliche und scheinbar unmögliche Nische. Unzählige Seitenflüßchen und Rinnsale wurden von einem schönen Wildbach gesammelt, der kurz darauf in eine schmale, jähe Schlucht stürzte; oft bildeten sich Hunderte von Wasserfällen, die sich mit dröhnendem Tosen über Felsen ergossen und in der Tiefe verschwanden. Dieses Rauschen drang bis tief ins Waldesinnere hinein.

Die scheuen Bewohner des kleinen Weilers, der 1875 m ü. M. lag, gaben uns nur widerstrebend Unterkunft in ihren höchst bescheidenen Bauernhütten, die an diesen steilen, meist bewaldeten Berghängen klebten. Rund um die Häuser waren kleine Waldflächen gerodet worden, um etwas Weizen, ein wenig Mais, Erbsen und andere Gemüse anpflanzen zu können. Die Wälder dieser Gegend sind besonders artenreich. Damit dies anschaulicher wird, möchte ich Auszüge aus meinem Tagebuch dazu zitieren, allerdings stammen die Notizen aus einer andern Jahreszeit: «31. Mai – Mache mich auf, um die Taubenbaumexemplare *(Davidia)* zu zählen, und auch, um den Wald im allgemeinen in Augenschein zu nehmen. In der Nähe wählen wir einen schmalen Holzweg, bald führt uns ein Hohlpfad durch einen schönen schattenreichen Wald. Am Rande eines schräg abfallenden Steilhangs gehen wir bergauf und treffen bald auf die gesuchten *Davidiae*. Hier wachsen mehrere Exemplare an einem abschüssigen Felshang; ihre Höhe variiert zwischen 10½ und 18 m, der größte Taubenbaum hat einen Umfang von 1,8 m. Ihr Standort ist in dichtem Wald, weshalb ihre Zweige bis in die obere Hälfte kahl sind. Aber unbestreitbar handelt es sich um diese Baumart: Unzählige weiße, taschentuchähnliche Hochblätter sind schon abgefallen und liegen verstreut auf dem Boden herum. Aus Strünken gefällter Taubenbäume treiben neue Schößlinge, ein gutes Merkmal: denn wenn sie alt sind, beginnen sie von unten her auszuwachsen. Ihre Borke ist dunkel; im Alter lösen sich schuppenartige Stückchen und lassen helle unregelmäßige Flecken zurück. Beim Erklettern eines Tetracentronbaums, der an einem steil abfallenden Felsen wuchs, hieb ich einige Zweige ab, um besser den oberen Teil des danebenstehenden Taubenbaumes sehen zu können: eine ebenso schwierige wie gefährliche Sache. Drei Teilnehmer unserer Expeditionsgruppe kletterten ebenfalls auf den Baum, plazierten sich aber nicht auf gleicher Höhe; mit dem Seil transportieren wir Axt und Kamera. Das Tetracentronholz bricht sehr leicht, und dies zu wis-

Iris wilsonii

Taubenbaum (Davidia involucrata) – Blüten mit den charakteristischen Hochblättern (Archiv Arnold Arboretum)

sen, trägt nicht eben zum eigenen Seelenfrieden bei, wenn man bedenkt, daß man rittlings auf einem 10 cm dicken Ast sitzt und ein Abgrund von mindestens 300 m Tiefe einem entgegengähnt! Aber die außerordentliche Schönheit dieses Baums machte uns trunken vor Begeisterung. Alles verlief gut. Wir konnten uns nicht sattsehen an den beiden schneeweißen, verwachsenen Hochblättern, die die eigentliche Blüte umgeben. Diese sind immer verschieden groß, das größere davon meistens 15 cm lang und ungefähr 7,5 cm breit, das kleinere hat etwa 9 cm Länge und 6,5 cm Breite, doch es gibt auch Exemplare, die in Länge und Breite mindestens um ein Drittel größer sind. Zuerst sind sie grünlich, dann werden sie weißlich, bis zum reinsten Schneeweiß. Wenn die Blüten verwelken, nehmen sie eine bräunliche Farbe an. Blüten und Hochblätter hängen an ziemlich langen Stielen, und wenn sie durch eine leichte Brise bewegt werden, gleichen sie schwebenden Riesen-Schmetterlingen. Diese Brakteen haben eine bootsähnliche Form, ihre Textur ist zart, fast durchsichtig. Oft werden sie fast von den Laubblättern verdeckt. Sie sind so unglaublich beweglich, daß es aus nicht allzu großer Distanz aussieht, als läge Schnee auf der Davidia, was besonders an düstern Tagen, frühmorgens und in der Abenddämmerung augenfällig ist. Die Frucht wirkt beim ersten Hinsehen wie eine Walnuß, aber die innere Schale ist so hart, daß man sie niemals aufknacken kann. Für mich ist *Davidia involucrata* nicht nur der interessanteste Baum, sondern auch der schönste aller Bäume der gemäßigten Zonen der Nordhemisphäre.»

«Mit der Davidia zusammen wächst ein großer Roßkastanienbaum (etwa 15 m hoch und 1,2 m Umfang). Etwas höher kommen Hagebuche und Tetracentron vor, die ebenso verbreitet sind wie die Birke, und alles leuchtet weiß, rot, schwarz.»

«Ahorne sind die Charakterbäume dieser Wälder; alle sind groß, aber nicht dick. Leider blühen sie dieses Jahr sehr spät, was bei allen Waldbäumen in diesem Jahr der Fall ist.»

«Am verbreitetsten, darf man sagen, ist die Buche in diesen Wäldern. Diese ist so lichthungrig, daß sie keinen Konkurrenten duldet, nicht einmal dem Niederholz gibt sie eine Chance. Zum ersten Mal kann ich definitiv bestätigen, daß es zwei Buchenarten hier in diesem Gebiet gibt. Die eine ist einstämmig, die andere hat immer mehrere Stämme. Erstere hat kahle, glänzend grüne Blätter, eine breite, dichte, mehrfach verzweigte Krone; diese Buche kann 12 bis 15 m hoch werden mit einem Umfang von 1½ bis 3 m; sie ist etwas kleiner als die Europäische Buche, dieser aber sonst sehr ähnlich. Die zweite Art – hier handelt es sich um die Chinesische Buche – wird viel größer, erreicht aber nie den Stammumfang der ersteren. Meistens kann man sechs bis zwölf Stämme zählen, die durchschnittlich 0,6 bis 1½ m Umfang aufweisen; ganz nahe beieinander erheben sie sich, um sich dann höherwachsend von einander zu entfernen. Die Borke ist lichtgrau, die Blätter bläulichgrün, unterseits behaart; die Zweige wachsen zunächst aufrecht, die jüngeren dünn und hängend.

Einer ihrer Volksnamen lautet ‹peh litzu›. Sehr viele Stauden habe ich gesehen, aber keine war in Blüte.»[10]

«Im Waldesschatten kommt eine bemerkenswerte Johannisbeere vor, eine schwarzfruchtige Art, deren Rispen bis zu knapp 4 cm lang sind; es handelt sich um die verbreitete *Ribes longeracemosum* var. *wilsonii*. An ähnlichen Standorten kommt *Rodgersia aesculifolia* vor, eine kriechende Pflanze, ebenfalls ein Steinbrechgewächs, mit großen aufrechten Blütenständen.»

«Fünf verschiedene Eichenarten sind vertreten, drei davon sind sommergrün, zwei immergrün. *Meliosma veitchiorum* und viele rosenartige Bäume und Sträucher (Rosoideae/Prunoideae/Maloideae) kann man überall beobachten, und der Lackbaum, *Rhus verniciflua*, ist ebenfalls sehr verbreitet. In dichtestem Schatten kommen verschiedene immergrüne Berberitzen vor, an offenen Standorten formt *Neillia sinensis*, ein Rosengewächs, undurchdringliche Dikkichte.»

«Auf Felsvorsprüngen und -klippen sieht man einzelne Koniferen, meist *Pinus armandii* und *P. henryi; Picea wilsonii* und die flachnadelige Fichte, *P. pachyclada*, sind selten. Dagegen ist die Hemlocktanne, *Tsuga chinensis*, auf den Felsen recht verbreitet, ein hübscher Baum mit dichten Nadeln, die sich gleichmäßig entwickeln; ihre alten, abfallenden Zapfen liegen am Boden herum. Die Weiße Föhre, *Pinus armandii*, die in höheren Berglagen häufiger vorkommt, ist ein graziler Baum mit lichtgrauer Borke und langen Nadeln. Sie ist eine der schönsten ihrer Gattung; die Zapfen hängen an den äußersten Enden der kahlen Zweige. Das harzhaltige Holz wird in der Gegend als Fackel verwendet, die ein besonders gutes Licht abgibt, hell und klar.»

Anmerkungen der Übersetzerin

1 Endemische Gattung der Ulmengewächse in China und der Mongolei.

2 Gattung der *Caprifoliaceae* mit 4 Arten, die in China endemisch sind.

3 Dieser Weißdorn, ein Endemit Chinas, wird seit uralter Zeit kultiviert. Außer ihm gibt es noch andere Weißdornarten, die in China ihrer eßbaren Früchte wegen angebaut werden.

4 Einzige Gattung der zweikeimblättrigen Familie der *Toricelliaceae*, die nur 3 Arten umfaßt und in Westchina und dem östlichen Teil des Himalaya vorkommt; systematisch eingeordnet zwischen *Cornaceae* und *Araliaceae*.

5 Binnenzollabgabe in China, bis 1930 in Kraft.

6 *Aleurites fordii*, Euphorbiaceae.

7 *Eucommiaceae*, 1 Gattung, 1 Art, in China beheimatet, als Wildpflanze unbekannt, systematisch vermutlich in der Nähe der *Ulmaceae*.

8 Engl. ‹Chinese goldthreat› (‹Chinesischer Goldfaden›). Nach Wong (Lit. 272) gehört sie zu den 30 Grundpflanzen der chinesischen Materia Medica. Heilwirkungen: magenstärkend, fiebersenkend, durststillend, beruhigend, krampfstillend usw.

9 *Tetracentraceae* oder *Trochodendraceae* gehören systematisch zu den *Hamamilidae*.

10 1910 hat Wilson junge Exemplare beider Buchenarten nach Amerika gebracht und diese im Arnold Arboretum kultiviert.

Die Flora von Ichang

Obschon Ichang und die Nachbargebiete ein warmgemäßigtes Klima aufweisen und ihre Höhe ü. M. durchschnittlich 600 m beträgt, sind mehrere subtropische Pflanzenarten festzustellen. Aber man begegnet auch einigen Spezies, die kühl-gemäßigte Gebiete bevorzugen, so daß gewissermaßen drei verschiedene Zonen verschmelzen. Vorherrschend ist jedoch eindeutig das warm-temperierte Klima. Folgende Charakterarten sollen dies veranschaulichen: ein Tungölbaum, *Aleurites fordii;* Amberbaum, *Liquidambar formosana;* eine Rainweide, *Ligustrum lucidum;* eine Leguminose, *Caesalpinia sepiaria; Toddalia asiatica* (Rutaceae); die Glyzine, *Wisteria sinensis* (s. S. 88); *Rhododendron indicum*, ein Feuerdorn, *Pyracantha crenulata; Primula sinensis* (s. S. 114f.), *Anemone japonica, Aspidistra punctata* (Liliaceae), *Reinwardtia trigyna* (Linaceae), ein Farn, *Woodwardia radicans* (Blechnaceae). Rund um Ichang machen die niedrigen Hügel einen dürren, unfruchtbaren Eindruck. Meistens sind sie bedeckt mit dem ‹Lanzengras›, *Heteropogon contortus*, einer Charakterart der Savannen. Diese Monotonie wird da und dort unterbrochen von einigen Sträuchern, Kräutern, meistens Niederholz. Nur eine Kiefernart, *Pinus massoniana*, und eine Zypressenart, *Cupressus funebris*, ragen hervor. Hie und da wächst in Lichtungen der gewöhnliche Bambus, *Phyllostachys pubescens*.

Doch uns interessieren nicht diese artenarmen Hügel, sondern wir müssen, um den Pflanzenreichtum der Ichang-Gegend kennenzulernen, vor allem die Kalksteinfelsen, Täler und Schluchten untersuchen. Hier ist die Artenvielfalt erstaunlich. Besonders beeindruckend ist der quantitativ wie qualitativ bedeutende Bestand von bekannten Ziersträuchern! Der hiesige Vorfrühling bringt die ersten Blüten zweier Sträucher hervor, eines Gerberstrauches, *Coriaria nepalensis*, und eines Seidelbasts, *Daphne genkwa*. Jammerschade ist es, daß dieser Seidelbast in England, in westlichen Gärten nicht gedeiht, ist er doch der attraktivste seiner Gattung. Hier in diesem Gebiet rund um Ichang wächst er überall, insbesondere auf kahlen, exponierten Stellen, zwischen Felsblöcken und Kalksteinschutt, auf Gräbern und zwischen Lesesteinmauern, in Schluchten. Dieser Halbstrauch wird hierzulande sogar oft verwendet, um kleinste Fleckchen Land einzufrieden. Bemerkenswert an dieser Seidelbastart ist, daß sie im Halbschatten ebenso gut gedeiht wie bei stärkster Sonnenbestrahlung. *Daphne genkwa* wird durchschnittlich 60 cm hoch und ist selten verzweigt. Für die Form ihres Wachstums stelle man sich den Wurzelsproß eines Pflaumenbaums vor, der in den oberen zwei Dritteln dicht besetzt ist mit dunkellila Blüten (eine weißblühende Form ist auch bekannt). Die andere Pflanze, ein Gerberstrauch, *Coriaria nepalensis*[1], ist viel weniger reizvoll. Sie blüht unscheinbar, dafür ist ihr seidelbastähnlicher Fruchtstand auffällig. Die Chinesen stufen die beerenähnlichen Früchte als giftig ein und verwenden Blätter und Zweige für die Gerberei (deutscher Name!) sowie als Insektizid. Die Glyzine, *Wisteria sinensis*, kommt überall vor, sie überklettert große Bäume, ist häufiger in halbstrauchiger Form zu beobachten (s. S. 88). Die Blütentrauben sind sehr üppig, und, je nach sonnigem oder schattigem Standort, verändern sich die Farben. Auch bei dieser Pflanze sieht man die weißblühende Form eher selten.

Ein anderer allgemein verbreiteter Strauch ist der wohlbekannte *Loropetalum chinense* (s. S. 119f.). Auf Felskuppen, zwischen losem Blockschutt, auf Kalksteinschutthalden bildet die Riemenblume beinahe undurchdringliche Bestände. Die Sträucher sind selten mehr als 90 Zentimeter hoch, stark verzweigt, und wenn sie in voller Blüte stehen, sieht es von weitem aus, als würden letzte Schneereste in der Sonne schmelzen. (Die Firma Veitch kann sehr schöne Exemplare vorzeigen, aber welch ein riesiger Unterschied zwischen wohlgeratenen, kultivierten

Ichang – Flußhafen am Yang tse, West-Hubei, ca. 1500 km von Shanghai entfernt, 21. Februar 1911

Sträuchern und jenen, die an ihrem natürlichen Standort wachsen! Als Steingartenpflanze sollte sie eigentlich in Devon und Cornwall überleben können.) Verschiedenen Rosen begegnet man oft und immer wieder. Im April übertreffen sie mit ihrer Blütenpracht jeden anderen Strauch. *Rosa laevigata* und *Rosa microcarpa* sind beide häufig und verbreitet. Auf felsiger Unterlage, in Schluchten findet man nicht selten *Rosa multiflora*, *Rosa moschata* und *Rosa banksiae*, was jedoch nicht heißen soll, daß beide nur hier vorkommen. Die Moschus- und die Bankrosen überklettern oft sehr große Bäume. Dieser zauberhafte Anblick bleibt einem unauslöschlich im Gedächtnis haften: Man stelle sich vor, ein großer Baum behangen mit Rosengirlanden! Wirklich, diese Myriaden von Rosenblüten, die einen wunderbar köstlichen Duft verströmen, verwandeln, insbesondere frühmorgens, ein einsames Tal in ein irdisches Paradies (s. S. 120 ff.).

Im März und April blüht *Sophora viciifolia*, die ein sehr weites Verbreitungsgebiet hat (s. S. 127 f.). In Tälern und Schluchten sieht man überall ihre bläulich-weißen Blütentrauben. In Yünnan ist sie häufig anzutreffen, besonders in den warmen, südlich exponierten Talschaften des tibetisch-chinesischen Grenzgebiets. Merkwürdig ist, daß diese Art in Ichang weniger stachelig ist, als jene von Yünnan und Sichuan; ich vermute, daß es sich bei der letzteren um die indische *Sophora moorcroftianum* handeln könnte. Verbreitet auf Felsen und zwischen Blockschutt wachsen der Loquatstrauch, *Eriobotrya japonica*, und die Winterblüte, *Chimonanthus praecox* (s. S. 137). Beide blühen um die Weihnachtszeit, und bei beiden handelt es sich um in China beheimatete Pflanzenarten, die irrtümlicherweise als ursprünglich in Japan vorkommend angegeben werden.

Auf losem Blocksteinschutt wächst nicht selten *Caryopteris incana* (Verbenaceae); dieser Strauch sieht etwas weiter westlich hübscher aus und scheint dort besser zu gedeihen. Ein Feuerdorn, *Pyracantha crenulata* und *Vitex negundo* (Verbenaceae) fallen immer wieder ins Auge, ebenso *Caesalpinia sepiaria*. Dieser stark bedornte Busch ist ein Halbkletterer; er sieht der viel bekannteren *C. japonica* zum Verwechseln ähnlich. Mit seinen attraktiven Blättern und den aufrechten, hellgelben Blütenständen fällt er auf

Anemone glaucifolia

und könnte zu einem beliebten Gartenstrauch werden. Häufig sieht man auch die Rechenblume, *Symplocos crataegoides*[2], mit hübschen weißen Blüten und glänzend blauen Früchten. Dieser reizvolle Strauch wäre ebenfalls eine schöne Bereicherung für unsere Gärten; es wäre nicht schlecht, wenn man ihn im Auge behalten würde. Folgende Sträucher sind sehr verbreitet und kommen häufig vor: *Deutzia schneideriana* (Saxifragaceae); *Lagerstroemia indica* (Lythraceae); *Rhododendron indicum* (s. S. 116 ff.); *Jasminum floridum* (s. S. 93 f.); *Nandina domestica*[3]; *Ilex cornuta; Viburnum utile* (s. S. 126 f.); *Buddleja officinalis* (s. S. 128 f.). Von den anderen, weniger bekannten Sträuchern sind erwähnenswert: *Abelia chinensis, A. parvifolia* (Caprifoliaceae); ein Sumach, *Rhus cotinus; Buddleja asiatica*, (s. S. 128 f.); *Ilex pedunculosa, I. corralina; Deutzia discolor; Desmodium floribundum* (Leguminosae); zwei Ölweiden, *Eleagnus pungens, E. glabra; Spiraea chinensis; Eurya japonica* (Theaceae); *Hypericum chinense* (s. S. 94 f.); eine Hortensie, *Hydrangea strigosa*, (s. S. 92 f.); *Berchemia lineata*[4]; ein Pfaffenhütchen, *Evonymus alata; Polygala mariesii;* zwei Schneeballarten, *Viburnum brachybotryum, V. propinquum* (s. S. 126 f.); *Camellia* (Thea) *cuspidata; Rubus parvifolius* und noch viele andere Pflanzenarten müßte ich hier anfügen. Immer wieder sieht man beide Zierquitten *Chaenomeles* (Choenomeles) *sinensis* mit roten und *C. cathayensis* mit weißen oder rötlichweißen Blüten kultiviert in Gärten. Zwar ist meine Liste schon zu lang und somit langweilig, dennoch muß ich noch auf *Itea ilicifolia* (Iteaceae) hinweisen. Dieser stechpalmenähnliche Strauch mit langen, hängenden weißen Blütenrispen ist einer der schönsten Sträucher von ganz Ichang. Am Rande von Flußläufen beobachtet man folgende Arten: *Distylium chinense* (Hamamelidaceae); *Salix variegata; Ficus impressa; Rhamnus davuricus; Adina globiflora* (Rubiaceae); *Myricaria germanica* und einen merkwürdigen Buchs, *Buxus stenophylla*. Reich vertreten sind Kletterpflanzen, darunter die wunderschöne *Lonicera japonica; Trachelospermum jasminoides* (Apocynaceae); *Pueraria thunbergiana* (Leguminosae); vier Klematisarten, *Clematis henryi, C. bethaminana, C. armandii, C. uncinata* (s. S. 99 f.); *Vitis flexuosa; Parthenocissus henryana, P. thomsonii* (s. S. 101 f.) und *Mucuna sempervirens* (Leguminosae). Die zuletzt erwähnte ist eine wirklich erstaunliche Pflanze. Zwei Meilen oberhalb Ichang auf der rechten Seite wächst ein riesiges Exemplar, das bei den Ausländern ‹Großer Kriecher› heißt. Mehr als hundert Quadratmeter Bodenfläche werden von dieser Mucuna bedeckt, indem sie mehrere Föhren und Bambusse überklettert. Ihr Hauptstamm ist beinahe mannsdick, die Blüten sind schokoladenbraun und stammständig, d. h. die Rispen wachsen direkt aus dem alten Holz. Die Hülsen sind 60 bis 75 cm lang und enthalten viele schwarze bohnenähnliche Samen. Im Mai ist Blütezeit.

In Ichang kommen nicht sehr viele Baumarten vor, trotzdem ist deren Vielfalt wirklich erstaunlich: beispielsweise *Paulownia duclouxii* und *Melia azedarach*[5]. Im Frühjahr sind die riesengroßen Blütenrispen besonders eindrucksvoll. Im Herbst beachtet man hier nur noch *Sapium sebiferum* (Euphorbiaceae) wegen seiner wunderschönen Färbung. Im Winter schaut man nach den wintergrünen Bäumen *Ligustrum lucidum* und *Xylosma racemosum* var. *pubescens* (Flacourtiaceae), die sehr auffällig sind. Vielfach kann man Xylosma neben einem Schrein oder einem Grab beobachten. Am besten vertreten sind vielleicht folgende Bäume: *Gleditsia sinensis*, *Rhus javanica*, *Platycarya strobilacea* (Juglandaceae), *Quercus serrata*, *Cedrela sinensis* (Meliaceae) und die Flügelnuß *Pterocarya stenoptera*, auf der öfters Misteln vorkommen. Weniger verbreitet sind folgende Arten: *Sterculia platanifolia* (Sterculiaceae), *Populus silvestris*, *Crataegus hupehensis*, *Celtis sinensis*, *Dalbergia hupeana* (Leguminosae), *Acer oblongum*, *Cunninghamia lanceolata* (Taxodiaceae), *Ailanthus glandulosa* (Simaroubaceae), *Broussonetia papyrifera* (Moraceae), *Ulmus parvifolia*, *Hovenia dulcis* (Rhamnaceae), *Sapindus mukorossi* (Sapindaceae, der u. a. die chinesische Art *Nephelium litchi* zugeordnet wird), *Salix babylonica* (s. S. 134 ff.) und *Sophora japonica* (s. S. 127 f.). Von dieser Schnurbaumart gibt es eine besondere Varietät, deren Blätter und junge Zweigsprossen mit einem dichten, samtenen Filz bedeckt sind.

Nicht nur viele Straucharten beherbergt Ichang, sondern auch viele unserer Gartenstauden sind hier in dieser Gegend beheimatet. Eine der bekanntesten ist die reizvolle *Primula obconica* (s. S. 114 ff.), die massenhaft und sozusagen überall vorkommt; sie bevorzugt feuchte, grasige Standorte längs dem Yangtse-Ufer, und selbstverständlich wächst sie auch in allen Seitentälern. Hin und wieder, wenn die Bedingungen sehr vorteilhaft sind, trifft man große, schöne Exemplare an, die mit der Gartenform wetteifern können. Aber meistens ist die Becherprimel von zwergigem Wuchs und eher unscheinbar. Auch die Chinesische Primel ist in Ichang beheimatet, zudem auch *Chrysanthemum* (s. S. 80 ff.), der Typus der gezüchteten Chrysantheme. Außerdem sind weitere beliebte Zierpflanzen aufzuzählen: ein Lerchensporn *Corydalis thalictrifolia;* die Herbstanemone, *Anemone japonica; Sedum sarmentosum; Saxifraga sarmentosa; Iris japonica; Reinwardtia trigyna* (Linaceae); *Lycoris aurea*, *L. radiata* (Amaryllidaceae); *Rehmannia angulata* (Gesneraceae); *Hemerocallis fulva* und *H. flava* (Liliaceae). Charakteristisch sind zudem: *Adenophora polymorpha* (Campanulaceae); *Bletia hyacinthina* (Orchidaceae)[6]; *Asarum maximum* (Aristolochiaceae); *Ophiorrhiza cantonensis* (Rubiaceae); *Viola patrinii;* der chinesische Rittersporn, *Delphinium chinense; Lysimachia henryi*, *L. clethroides; Potentilla chinensis*, *P. discolor; Fragaria indica; Thalictrum minus; Mazus pulchellus* (Scrophulariaceae); *Verbena officinalis; Platycodon grandiflorum* (Campanulaceae), dazu viele *Compositae*, *Leguminosae* und *Umbelliferiae.*

Die vielgeliebte Schöne, die Lilie, *Lilium henryi*, ist offensichtlich die berühmteste Pflanze, deren Heimat Ichang ist. Sie bevorzugt Kalkunterlage und wächst gern in Blockschutthalden, aber man kann keineswegs sagen, daß sie häufig vorkommt. Hingegen sind *Lilium brownii* und ihre Schwestern *chloraster* und *leucanthemum* recht gut vertreten. *Lilium concolor* kommt ebenso vor, jedoch eher selten (s. S. 102 ff.). Farne sind hier weniger artenreich, folgende Arten jedoch kommen in großen Mengen vor: *Woodwardia radicans*, *Osmunda regalis*, *Pteris longifolia*, *P. serrulata*, *Nephrodium molle*, *Cheilanthes patula* und *Gleichenia linearis.* Eine Varietät von *Adiantum capillus-veneris* sieht man immer wieder, insbesondere auf kalkhaltigen Stalagmiten in Schluchten, die sogenannten ‹Ichang-Farn-Steine›.

Eine etwas knappe Übersicht der häufigsten Wasserpflanzen soll diese kurze Liste der Ichang-Flora schließen. *Euryale ferox* ist immer wieder in Teichen anzutreffen und fällt durch das besonders schöne

Blattwerk auf. *Nelumbo nucifera* (s. S. 106 f.) wird selbstverständlich kultiviert. Weitere Wasserpflanzen, die oft vorkommen, sind: *Limnanthemum nymphoides*[7]; *Jussiaea* (Ludwigia) *repens* (Onagraceae); der Schwimmfarn, *Salvinia natans;* die Wassernuß, *Trapa natans; Azolla filiculoides* (Azollaceae)[8]; ein Kleefarn, *Marsilea quadrifolia;* die lilienähnliche *Monochoria vaginalis* (Pontederiaceae); *Eriocaulon buergerianum* (Eriocaulaceae) und mehrere Arten des Laichkrauts, *Potamogeton* und des Wasserschlauchs, *Utricularia* (Lentibulariaceae). Wenn im Spätherbst die Azollas sich verändern und eine zinnoberrote Farbe annehmen, dann sind die Teiche wunderschön anzusehen. In einem Reisfeld fand Augustine Henry eine neue, merkwürdige Wasserpflanze, die vorläufig *Trapella sinensis* heißt und zur Ordnung der Pedalineae gehört[9].

Anmerkungen der Übersetzerin

1 *Coriariaceae* stehen systematisch in der Nähe der *Magnoliaceae* und *Ranunculaceae;* nur eine Gattung: *Coriaria;* Vorkommen: im westlichen Südamerika, Mittelmeer, Ostasien, Neuseeland.

2 *Symplocaceae*, 1 Gattung, ca. 350 Arten; systematisch in der Nähe der *Ebenaceae* oder *Theaceae*; tropisch/subtropisch; fossil sind Fruchtreste mehrerer Arten von *Symplocos*, z. T. in großen Mengen, im Oligozän bis Pliozän Mitteleuropas nachgewiesen.

3 *Nandinaceae*, eine isolierte Familie in der Nähe der *Berberidaceae*, nur 1 Gattung; Vorkommen: China und Japan.

4 *Rhamnaceae*, Unterfamilie *Zizyphae*; dazu gehört u. a. die sog. Chinesische Dattel, *Ziziphus jujuba*; fossil: aus der oberen Kreidezeit Funde in Alaska, aus dem Tertiär Funde in Europa und Nordamerika.

5 *Meliaceae*, Ordnung der *Sapindales*; freiblühende Arten seit alter Zeit als Zierbaum in China kultiviert; sogenannter China- oder Paternosterbaum. Die harten Samen werden als Perlen benutzt und für Rosenkränze verwendet. In England als ‹chinaberry›, auch als ‹Pride of India› bekannt, in Indien Straßenbaum; in mediterranen Gebieten eingebürgert.

6 Im ‹Zander› (Lit. 282) werden nur neuweltliche Arten dieser Orchideengattung aufgeführt; hingegen ist die von Wilson aufgelistete Art schon bei Forbes/Hemsley vermerkt, ebenso in: Icon. Corn. Sinicorum (Lit. 65, 66, 120).

7 Der heute gültige Pflanzenname dieser Menyanthaceae lautet: *Nymphoides peltata.*

8 Auch hier stimmen die heutigen Angaben über deren Verbreitung (Lit. 154, 282) nicht mit Wilsons Ergebnissen überein.

9 Nach Mabberley (Lit. 154) gehört *Trapella* zur Familie der *Pedaliaceae* (Trapelloideae).

Emei shan, der heilige Berg

Gigantische Berge aus hartem Kalkstein erheben sich jäh aus der Kiating-Ebene und geben dieser Landschaft das charakteristische Gepräge. Emei oder Omei shan, der heilige Berg, liegt auf 103° 41′ östlicher Länge und 29° 32′ nördlicher Breite, ein herausragender Berg, der von 400 m auf eine Höhe von 3350 m ü. M. ansteigt. Bei klarem Wetter kann man von der Stadt Kiating aus den Berg Emei deutlich sehen; es scheint dann, als spiegele er sich gewissermaßen in der Ebene und nehme dabei an Riesenhaftigkeit noch zu. Man sagt von Emei, daß er einem liegenden Löwen ähnlich sehe, einem Löwen, dessen Kopf bis zu den Schultern abgeschlagen worden sei. Schreckenerregend erhebt sich die fast senkrecht abfallende, mehr als 1500 m hohe Felswand. Seit ältester Zeit wird Emei zu den fünf heiligsten Bergen Chinas gezählt. Es wird berichtet, daß der aus der Geschichte bekannte Patriarch P'u in einem der Klöster Buddha gedient habe, und zwar während der Regierung der Westlichen Ts'in-Dynastie (265–317 n. Chr.). Der Schutzpatron von Emei shan, P'u-hsein Pu'ssa (Samantabhadra Bodhisattva), sei, auf einem riesigen Elefanten reitend, hier auf diesem Berg abgestiegen. Sein Elefant habe sechs Stoßzähne gehabt. Im Wan-nien-ssu-Tempel steht eine großartige bronzene Elefantenstatue, die an dieses Ereignis erinnern soll. Ungefähr siebzig buddhistische Tempel oder Klöster – man kann beide Begriffe anwenden, da diese Gebäude immer beides sind – befinden sich auf Emei. Auf der Hauptstraße wurde etwa alle 25 km ein Tempel errichtet, und je näher man dem Gipfel kommt, desto enger und zahlreicher sind sie. Diese Tempel werden von Äbten betreut und von etwa 2000 Priestern und Altardienern bewohnt. Das ganze Gebiet gehört der Kirche – oder besser gehörte, da in jüngster Vergangenheit immer mehr Land von dieser verkauft worden ist, insbesondere jenes der unteren Bergstufe, das sich als Anbaufläche einigermaßen geeignet erwies. Die eigentlichen Einnahmen der Klöster sind freiwillige Gaben und Almosen; dennoch darf man noch viele der Klöster reich nennen, sei es an Land oder an Geld.

Tausende von Pilgern aus allen Teilen des Kaiserreichs kommen, um diesem Berg und seinen Tempeln einen Besuch abzustatten. Gerade zu jenem Zeitpunkt, als ich die Flora des Emei untersuchte, waren unter den vielen Pilgern einige, die von Shanghai aus den ganzen Weg von über 3000 km zu Fuß bis hierher zurückgelegt hatten, um verschiedenen heiligen Stätten ihre Verehrung zu erweisen. Es gab sogar ganze Pilgerschaften, die aus Tibet und Nepal kamen. In den Tempeln sind unzählige Bilder und geheiligte Gegenstände zu sehen, viele davon aus reiner Bronze oder reinem Kupfer. Drei Mumien heiliger Männer, die kunstvoll mit Lack und Gold verziert sind, kann man bewundern, dazu den schon erwähnten Elefanten und – last not least – einen Zahn Buddhas, der ungefähr 30 cm lang ist und knapp 7 kg wiegt; vermutlich handelt es sich um den fossilen Molaren eines Elefanten oder Mammuts.

Auf dem höchsten Gipfel – er trägt den Namen ‹Goldene Spitze› – sind noch Ruinen eines ehemaligen Bronzetempels vorhanden. Er soll unter Kaiser Wan-Li (1573–1620 n. Chr.) erbaut worden sein und wurde bei einer Feuersbrunst im Jahre 1819 zerstört. Seit dieser Katastrophe haben sich neun oder zehn Äbte abgelöst, aber keinem ist es gelungen, genug Geld zusammenzubringen, um den Tempel wieder aufzubauen. Metallstücke liegen in Mengen herum: Säulen, Balken, Täfelung und Paneele, Ziegel, allesamt aus reinster Bronze. Die Paneele sind besonders schön gearbeitet. Eines davon habe ich genau ausgemessen: 1,93 m hoch, ½ m breit, knapp 4 cm dick, nur einige Stücke sind etwas kleiner. Jedes einzelne ist verziert mit dem sitzenden Buddha, mit Blumen und anderen Ornamenten, die

Primula maximowiczii

Rückseite ist mit achteckigen Mustern versehen. Viele Paneele hat man für zwei kleinere Tempel verwendet, die jetzt ganz nahe am Rand des Abgrundes stehen. Die Gedenktafel an Wan-Li, die einmal zum alten Bronzetempel gehörte, hat gerade noch ein schäbiges Plätzchen in einem Nebengebäude gefunden, in dem jetzt Brennholz aufbewahrt wird. Eine andere kostbare Reliquie überläßt man auf Gnade oder Ungnade den Elementen der Natur: eine Glocke, ein riesiges Stück, 16½ m hoch, Durchmesser etwa 3 m. Am Felsenrand stehen zwei Pagoden aus Bronze, beide von etwa 3½ m Höhe, daneben liegen die Überreste einer dritten, die alle zum alten Tempel gehört haben. Es ist jammerschade, daß diese geschichtlich so interessanten Kostbarkeiten, sprechende Überreste einer vergangenen Zeit, so schändlich vernachlässigt werden.

Es kommt vor, daß flutende Nebelschwaden unterhalb des Emei-Gipfels vorüberziehen, dann kann an einem klaren Tag ein Naturphänomen beobachtet werden, das mit dem ‹Brockengespenst› vergleichbar ist.[1] Leider konnte ich es nie selber sehen, da während meines Aufenthalts auf dem Emei ein Dauerregen eingesetzt hatte. Aber man hat es mir folgendermaßen beschrieben: «Ein Regenbogen umfaßt einen goldenen Ball, der auf der Nebelbank sitzt oder sich bewegt.» Diese Erscheinung heißt bei den Chinesen ‹Fo-kuang›, was soviel bedeutet wie ‹zu Buddhas Ruhm›. Gläubige behaupten, daß dies eine Emanation der Heiligkeit Buddhas sei, zugleich ein sichtbarer Beweis der Heiligkeit des Emei. Vor dem Abgrund wurden Sicherheitsketten und Holzpfähle angebracht, weil Pilger in religiöser Ekstase sich beim Anblick des ‹Fo-kuang› in die Tiefe gestürzt hatten. Dieser Ort wird daher auch ‹Selbstmord-Klippe› genannt, es ist der höchstgelegene Punkt, der nicht jäher, nicht senkrechter abfallend sein könnte. Gegen Süden reihen sich meilenweit ähnlich steile Klippen an- und nebeneinander. Der erste Ausländer, der diesen berühmten Berg im Juli 1877 bestiegen hat, war E. Colborne Baber. Sein Bericht, in den Abhandlungen der ‹Royal Geographical Society› erschienen, ist bis heute unerreicht, so genau und anschaulich hat er dieses Gebiet beschrieben. Unglücklicherweise hat Baber darin die Flora nicht oder fast nicht berücksichtigt, was vom nächsten Emei-Besucher, dem Schriftsteller Hosie, ebenfalls gesagt werden muß. Erst 1877 wurden die ersten Pflanzen auf diesem Berg gesammelt, und zwar von dem deutschen Missionar Ernst Faber, der ein eifriger Pflanzenjäger gewesen ist. Vierzehn Tage war er hier, und in diesem Zeitraum legte er eine höchst interessante Sammlung an. Eine kritische Untersuchung ergab, daß er nicht weniger als 70 neue Pflanzen gefunden hatte. Im Jahre 1890 folgte ein englischer Naturforscher, A. E. Pratt, der den Emei bestieg und auch einige Pflanzen sammelte.

Seit Baber haben viele hundert Ausländer den Emei-Berg besucht, aber außer Faber und Pratt hat niemand sich darum bemüht, Pflanzen zu sammeln. Aus diesem Grund, hoffe ich, berechtigt zu sein, diesem Berg ein besonderes Kapitel zu widmen. Der Berg und die Tempel wurden von Baber so ausgezeichnet beschrieben, daß ich keinen Versuch mache, dies zu wiederholen; gerne überlasse ich es besseren Schriftstellern. Nur folgenden Abschnitt möchte ich anfügen: Es war am 13. Oktober 1903 frühmorgens, als ich mich von Kiating aufmachte, um diesen so berühmten Berg zu besteigen und dessen Flora kennenzulernen. Zuerst mußte ein intensiv bebauter Landstrich durchquert werden, der von einigen niedrigen, reizvoll bewaldeten Hügeln durchsetzt war. Das kleine Dorf Omei-hsien auf 390 m Meereshöhe erreichte ich erst am späten Nachmittag. Am nächsten Tag gelangten wir, einer ebenen Straße folgend, die Alleebäume aus Erlen und Nanmu[3] aufwies, zu dem Weiler Liang-ho-kou, der am Fuße des Heiligen Bergs liegt. Von hier aus verzweigte sich die Straße, beide Wege führten zum Berggipfel, und sind mit durchwegs steinernen Stufen belegt. Diese Treppen-Bergwege anzulegen, muß nicht nur Unsummen von Geld verschlungen haben, sondern auch extrem arbeitsaufwendig gewesen sein. Ohne diese Steinstufenwege wäre es zum Teil ganz unmöglich, die steilsten Abschnitte zu Fuß zu bewältigen. Beim Aufstieg wählte ich die linke Route, um dann auf der anderen abzusteigen, in der Hoffnung, auf diese Weise möglichst viel von der reichen Flora des Berges zu sehen.

Zwischen Omei-hsien und Liang-ho-kou gibt es mehrere wirklich großartige ‹Banyanbäume›, *Ficus infectoria*, chinesisch Huang-kou-shu. Diese Baumriesen werden meist zur Beschattung alter Tempel angepflanzt. Ein Exemplar – mir schien, es sei das größte – war ungefähr 24 m hoch mit einem Umfang von knapp 15 m, gemessen etwa 1½ m oberhalb des Bodens. Wir begegneten auch einigen schönen Eichen, *Quercus serrata*, und ebenso beeindruckenden Amberbäumen, *Liquidambar formosana*. Rund um die Reispflanzungen sind Tausende von gekappten Chinesischen Eschen, *Fraxinus chinensis*, zu sehen; sie dienen als Futterbäume für ein Insekt, das ein kostbares weißliches Wachs ausscheidet. Auf den Dämmen sah man prächtige cremefarbene Ähren einer fein duftenden epiphytischen Pflanze, die zur Gattung *Hedychium* (Zingiberaceae) zu gehören schien. Ferner entzückten uns ein goldenes Kreuzkraut, *Senecio clivorum*, verschiedenblütige *Impatiens* und noch viele andere feuchtigkeitsliebende Stauden.

Kaum hatten wir Liang-ho-kou verlassen, begann der Aufstieg; die Steilheit des Weges zwang uns langsam zu gehen, und wir erreichten erst nach drei Tagesmärschen den höchsten Punkt, den sogenannten ‹Goldenen Gipfel›. Um eine einigermaßen klare Übersicht der hier vorkommenden Flora herauszuarbeiten, habe ich mich aus praktischen Gründen entschieden, den Berg in verschieden hohe Vegetationsgürtel einzuteilen:

1) von der Basis bis etwa 1800 m Höhe
2) von 1800 m bis zum Gipfel in ungefähr 3200 m Höhe.

Auf diese Weise zerfällt die Flora in zwei scharf getrennte Vegetationszonen. Die untere weist hauptsächlich Pflanzen auf, die ein warm-gemäßigtes Klima bevorzugen: Immergrüne Bäume und Sträucher sind vorherrschend; Schattenhänge, Schluchten und Tobel sind überaus artenreich an Moosfarnen *(Selaginella)* und Farnen. Von letzteren habe ich an einem einzigen Tag über sechzig Arten gesammelt! Im oberen Teil sind nur noch Pflanzenarten zu sehen, die der kalten gemäßigten Zone angehören. Außer Rhododendren und Silbertannen sind alle Bäume und Sträucher sommergrün; zu beobachten waren auch extrem viele krautige Pflanzen. Den Gürtel zwischen 1400 und 1675 m könnte man als ‹Kampfzone› bezeichnen (englisch: ‹Hinterland› [sic!]). Hier ist die Konkurrenz unter den Spezies besonders ausgeprägt, und die Übergangsgrenzen der beiden Zonen fast verwischt. Erst auf 1800 m Höhe ist die Trennlinie auffallend und gut erkennbar.

Bis 1200 m Höhe werden die terrassierten Felder noch bebaut: Mais und Hülsenfrüchte werden bevorzugt, während Reis in der Ebene und im Unterland angepflanzt wird. Chinesische Eschen-Plantagen für die Insektenwachs-Kultur kann man noch auf knapp 800 m Höhe feststellen. Die Hügel rund um den Emei sind bewachsen mit Kiefern, *Pinus massoniana*, Zypressen, *Cupressus funebris*, und Eichen, *Quercus serrata*. Zwischen den Hügelketten mäandrieren Flüsse und Bäche, und die Auenwälder bestehen hauptsächlich aus einer Erlenart, *Alnus cremastogyne;* aber auch eine Flügelnuß, *Pterocarya stenoptera* (Juglandaceae) und die bemerkenswerte *Camptotheca acuminata*[2] kommen vor. Rund um Tempel und Gehöfte sind Nanmu[3] und großwüchsiger Bambus am häufigsten vertreten; an exponierten Bergflanken wächst der Kletterfarn *Gleichenia linearis*, undurchdringliche Dickichte bildend. Am Wegrand trifft man nicht selten auf *Onychium japonicum* (Adiantaceae), *Melastoma candida* (Melastomaceae) oder *Mussaendra pubescens* (Rubiaceae). Auf 900 m Höhe verschwinden diese Arten ganz und geben anderen Pflanzen den Raum frei. *Cunninghamia lanceolata* (Taxodiaceae) kommt unten im Tal nur vereinzelt vor, aber hier oben ist diese kostbare Konifere immer besser vertreten, und zwischen 750 und 1400 m ist sie sogar bestandbildend und bedeckt große Areale. Außer der Spießtanne sind die Lorbeerähnlichen am besten vertreten, insbesondere zwischen 600 und 1500 m Höhe. Sie bilden den sogenannten ‹Lorbeergürtel›, was bedeutet, daß diese Zone hauptsächlich von immergrünen Bäumen und Sträuchern bewachsen ist. Die besonders artenreichen Gattungen der Lauraceae *Machilus (Persea)*, *Lindera* und *Litsea* sind hier außerordentlich stark vertreten. In dieser Vegetationszone kommen an monotypischen Baumarten folgende interessante Vertreter vor: *Tapiscia*[4], *Carrieria* (Flacourtiaceae), *Itoa* (Flacourtiaceae), *Emmenopterys* (Rubiaceae) und *Idesia* (Flacourtiaceae). Ein immergrüner Schneeball *Viburnum coriaceum* mit blauschwarzen Beeren, dazu fünf Arten von immergrünen Berberitzen gehören zu den Neufunden, die wir hier machten.

Im tibetisch-chinesischen Grenzgebiet liegen die Ta-p'ao-Ketten ca. 6500 m ü. M., 23. Juli 1909

Es ist interessant und instruktiv festzustellen, wie aggressiv sich die Flora der warm-gemäßigten Zone verhält, was einem besonders beim Aufstieg auf einen hohen Berg ins Auge fällt. Der Emei-Berg eignet sich gut, um dieses Phänomen zu studieren. Alles rundum strahlt Lieblichkeit und Harmonie aus, und es scheint, als herrsche hier in der Natur tiefster Friede. Aber heutzutage weiß jedermann, wie scharf und hart der gegenseitige Konkurrenzkampf tobt, jeder Zentimeter Erdboden wird verteidigt. Wie gut, daß Pflanzen nicht sprechen können, ein menschliches Ohr könnte die Triumphgesänge der Sieger und die Seufzer der Unterlegenen kaum aushalten! Hier eine Bilanz dieser Ausmarchung: Dem Breitblättrigen Hartriegel, *Cornus macrophylla*, gelingt es, sein Areal bis zum Fuß des Berges auszudehnen, in enger Begleitung verschiedener Ahorne, darunter *Acer davidii* mit weißgestreifter Borke. Eine Schwarze Birke, *Betula luminifera*, mehrere *Viburnum*-Arten, *Pyrus*, *Malus*, *Rubus* und *Prunus* sind ebenfalls stark vertreten. Doch in diesem ‹Hinterland› von 1200 bis 1500 m konkurriert alles und jeder, ein gnadenloser Kampf wird ausgefochten. Der schmale Gürtel ist außerordentlich reich an Gehölzen, von denen folgende charakteristisch sind: *Pterostyrax hispidus* (Styracaceae, systematisch in der Nähe der Ebenaceae), *Pterocarya delavayi*, *Euptelea pleiosperma*[5], *Decaisnea fargesii*[6], eine Roßkastanienart, *Aesculus wilsonii*, sowie die monotypischen Gattungen *Tetracentron* (Tetracentraceae/Hamamelidales),

Emmenopterys (Rubiaceae) und *Davidia*. Sehr schöne Exemplare von fünf verschiedenen Ahornarten und mehrere Arten von *Evonymus*, *Holboellia* (Lardizabalaceae), der Kiwigattung *Actinidia*, dazu Stechpalmen, *Ilex*, sind ebenfalls oft anzutreffen.

Wenn die lorbeerartigen Gewächse anderen Pflanzen das ‹Feld räumen›, nehmen immergrüne Eichen und Goldkastanien, *Castanopsis*, unmittelbar ihren Platz ein. In diesem Gürtel leben verschiedene Affenarten, die die blauen Hülsenfrüchte der *Decaisnea* gern verzehren; die schwarzen, flächigen Samen werden offensichtlich nicht verdaut, wie ich beobachten konnte. Immer weiter bergauf steigend, mußten wir uns den Weg bahnen, oder besser: durchhauen. Unversehens befanden wir uns am Rand eines vorspringenden Felsens auf etwa 2000 m ü. M.: Vor uns eine unaussprechlich prächtige Sicht ins weite Land, über unsern Köpfen türmten sich jähe, Tausende von Metern hohe Kalksteinklippen, unter uns dehnten sich weite Täler und Ebenen aus, hin und wieder verdeckt durch ein flockiges Nebelmeer, das von spitzen Berggipfeln durchstochen wurde. Westwärts, etwa 130 km Luftlinie entfernt, sah man die hohen, schneebedeckten Bergmassive des tibetischen Grenzlands hervorragen. Ein großartiges Panorama von Süden nach Norden, so weit das Auge reichte! Der Kontrast zwischen den Vegetationszonen war ungeheuer beeindruckend. Falls der Blick talwärts nicht gerade von Wolkenfetzen verhangen wurde, war eine artenreiche, dumpfgrüne Pflanzenwelt zu erkennen. Oberhalb hatte das Laub schon erste herbstliche Farbtöne angenommen, die von blaßgelb bis hin zu allen Rotschattierungen schimmerten; nur Silbertannen setzten dunkle Akzente. Oft geschah es, daß diese Szenerie ganz in strahlendes Sonnenlicht getaucht war; eine zarte Brise bewegte kaum spürbar die Luft, und prächtige Schmetterlinge flogen hin und her und schienen den nahenden Winter überhaupt nicht zur Kenntnis zu nehmen. Diese Ruhe und Stille waren sehr feierlich, unterbrochen nur durch einen trillernden Singvogel, der in einem Baum oder Busch in der Nähe saß. Wirklich, ein unvergeßliches Erlebnis!

Auf etwa 1900 m Höhe gibt die *Cunninghamia* ihren Kampf auf, nachdem sie sich bis hierher als kümmerliches Krummholz durchgeschlagen hat. Eine Silbertanne, *Abies delavyi*, hat die Schlacht gewonnen; königlich steht sie und hält ihr Szepter aufrecht: Im ganzen Fernen Osten gibt es keine schönere Konifere als sie. Ihre aufrechten, symmetrischen Zapfen, von violett-schwärzlicher Farbe, sind immer auf den obersten Zweigen zu sehen. Zum Tempelbau hat man in hohen Berglagen nur dieses Holz verwendet. Auf 1800 m ist die Silbertanne eher klein und gar nicht attraktiv, aber nach nur 150 m Höhenunterschied ist *Abies delavyi* ein sehr schöner Baum. In 2600 bis 3000 m Höhe gedeiht sie am besten, hier erreicht diese Konifere ihre charakteristische Größe und ihre unverwechselbare Schönheit. In diesem Gürtel kann man nicht selten Baumexemplare vorfinden, die über 30 m hoch sind und einen Umfang von 3 bis 3½ m haben. Die Hemlocktanne, *Tsuga yunnanensis*, kommt nur vereinzelt vor, doch immer als großer, formvollendeter Baum. Gelegentlich sieht man eine Eibe, *Taxus cuspidata* var. *chinensis*, und in der Gipfelregion vervollständigt ein zwergiger Wacholder, *Juniperus squamata*, die Liste der Koniferen, die nur in hohen Berglagen glücklich sind. Schon einmal habe ich auf die atemberaubend schönen herbstlichen Farbtöne hingewiesen; verantwortlich dafür sind hauptsächlich zahlreiche Arten von *Viburnum*, *Vitis*, *Malus*, *Sorbus*, *Pyrus* und *Acer*, zu diesen gesellt sich *Enkiathus deflexus* (Ericaceae), der mit seiner reichen Herbstpalette von Orange bis Zinnoberrot alle andern übertrifft.

Ab 1900 m Höhe wurde der Aufstieg zunehmend schwieriger, und nachdem wir etwa 800 Steinstufen hinter uns gebracht hatten, waren wir froh, daß wir beim Tempel Hsih-hsian-chüh eine Pause machen konnten. Jeder der vielen Tempel auf dem Emei steht an einem besonders schönen, romantischen Platz, aber keiner ist so wie dieser hier plaziert: Auf der Vorderseite fällt der Blick steil in die Tiefe, auf der hinteren Seite türmt sich eine senkrechte Felswand auf. Die gastfreundlichen Priester boten uns nicht nur Tee und Süßigkeiten an, sondern unterhielten uns zudem mit Geschichten von amüsanten und merkwürdigen Begebenheiten. So erzählten sie unter anderem, wie an diesem Ort P'u-hsien Pu'ssa von seinem Elefanten gestiegen sei, damit dieser seine wunden Füße im nahen Teich erfrischen könne. Heute steht an diesem Platz eine Zisterne.

Nachher mußten wir gleich zwei Fluchten steilster Steinstufen hinter uns bringen; darauf folgte ein sanfter Abstieg, der uns zu einem kleinen, bewaldeten, leicht geneigten Plateau führte. Da und dort sah man den weißfrüchtigen *Sorbus munda*, einen sehr auffälligen Strauch. Eine Kletterhortensie, *Hydrangea anomala*, erreicht ohne die geringsten Schwierigkeiten die höchsten Bäume. Einige andere Hortensienarten wachsen epiphytisch auf großen Bäumen; zwei oder drei Sorbusarten haben dieselbe Eigenschaft. Recht verbreitet sind verschiedene Rhododendren, die sich gerne auf exponierten Felsen ansiedeln. Die ersten strauchigen Rhododendren habe ich auf 1450 m notiert, alles in allem habe ich dreizehn Arten auf Emei gefunden. Wenn man diese Artenzahl mit Regionen vergleicht, die westlicher liegen, muß festgestellt werden, daß dieser Berg relativ arm an *Rhododendron* ist. Das gleiche gilt für die Primelgattung: Nur vier Arten sind uns begegnet.

Auf 2750 m Höhe müssen wiederum die schwierigsten Treppenstufen bewältigt werden. Verständlicherweise war ich, oben auf dem Gipfel angekommen, ziemlich außer Atem. Hier oben hatte der Winter schon richtig zugegriffen. Fast alle sommergrünen Pflanzen hatten ihr Laub abgeworfen. Auf den ersten Blick sieht man hier nur Bambusgestrüpp, das immer dichter wird, je näher man dem Gipfel kommt. Keine andere Pflanze scheint hier oben noch konkurrenzfähig zu sein, so daß sich durch die Zeiten ein undurchdringlicher Bambusdschungel von ungefähr 1,2 bis 1,8 m Höhe bilden konnte. Nach der allerletzten Treppenstufe führt ein mit Brettern ausgelegter Pfad zum Gipfelpunkt, den wir gerade in jenem Augenblick erreichten, als die Sonne hinter den schneebedeckten Bergriesen, die bereits im chinesisch-tibetischen Grenzland liegen, unterging.

Eine vollkommene Nacht folgte dem wunderbaren Tag, und wir hegten die schönsten Hoffnungen für den nächsten. Aber o weh! Frühmorgens empfingen uns Nebel, Schnee und beißende Kälte. Vor uns dieser fürchterliche Abgrund, hinter uns eine mehr oder weniger abschüssige Fläche – wie groß sie war, konnten wir nicht feststellen. Trotzdem haben wir versucht, das Aussehen dieser Gipfelregion zu erkunden. Das Ergebnis war entmutigend; außerdem waren wir am Schluß total durchnäßt und verfroren. Es scheint, daß die Bodenstruktur eher flächig-uneben ist und sich vom Felsrand gegen Mitte zu neigt. Alles ist dicht bewachsen mit unbegehbarem Gestrüpp: zwergwüchsiger Bambus, Weidengebüsch, strauchige Birken, Vogelbeeren, Berberitzen, Rhododendren, Spiraen und da und dort die endemische *Rosa omeiensis* (s. S. 120 ff.). In der Nähe von Wasserläufen ist die Vegetation dichter. Die *Clematis montana* var. *wilsonii* (s. S. 99 f.) windet sich gern über diese Zwergstrauchvegetation; sie ist nicht selten. Zumindest fünf Rhododendronarten kommen in der Gipfelregion vor, da aber alle kaum Früchte angesetzt hatten, muß man annehmen, daß sie auch nur wenige Blüten entwickelt haben. An windgeschützten Standorten gibt es Silbertannen-Wäldchen, aber je mehr sie Wind und Wetter ausgesetzt sind, desto kümmerlicher ist ihr Aussehen. Ein zwergiger Wacholder wächst vorzugsweise in der Nähe von Felsblöcken; er hat gedreht-knorrige Stämmchen.

In Tempelnähe wird auf kleinsten Flächen Gemüse angebaut, wie Kohl, Rüben, Irische Kartoffeln und mehrere Heilkräuter in großer Menge: Rhabarber, ‹huang-lien› *(Coptis chinensis)* u. a. m. Auf Emei begegneten wir immer wieder Kleinkrämern und Gemischtwarenhändlern, die allerlei feilboten: Heilkräuter, Stachelschweinborsten, Bergkristalle, süßen Tee und Spazierstöcke. Die letzteren werden aus dem Holz der Erlenart *Alnus cremastogyne* geschnitzt und mit fantastischen Drachen oder Buddhas verziert. Der ‹süße Tee› ist eine Spezialität der Gegend von Emei und wird aus den Blättern des Schneeballs *Viburnum theiferum* zubereitet.

Anmerkungen der Übersetzerin

1 Der Brocken, mit 1142 m der höchste Gipfel des Harzes, dominiert die Umgebung. In der ‹Walpurgisnacht› wurden dort auch nächtliche Rituale gefeiert. Das Naturphänomen des ‹Brockengespenstes›, in der Literatur auch ‹Brocken-Regenbogen› oder ‹Anticorona Gloria› genannt, beruht auf einer Spiegelung.

2 Endemitisch in China *(Nyssaceae)*.

3 *Persea (Machilus) nanmu* aus der Lorbeerfamilie liefert seit ältester Zeit das ‹Sargholz›.

4 *Staphylaceae*, in China endemisch.

5 *Eupteleaceae*, isolierte ostasiatische Holzpflanzenfamilie.

6 *Decaisnea*, eine *Lardizabalaceae*, in China wegen ihrer eßbaren Frucht kultiviert.

Die Flora des Wa shan

Der Nachbarberg des Heiligen Emei heißt Wa shan und liegt auf 103° 14′ östlicher Länge und 29° 21′ nördlicher Breite. Er ist sechs Tagesreisen, knapp 130 km, von der Stadt Kiating entfernt. Dazwischen liegt eine rauhe, gebirgige Gegend mit einer miserablen Landstraße. Baber war der erste Ausländer, der nicht nur Emei, sondern auch den Wa shan bestiegen und besucht hat. Er gab dessen Höhe mit 3214 m ü. M. an, die Talschaften liegen auf knapp 1400 m. Dagegen schloß ich aus Literaturangaben, daß er 3429 m ü. M. messen muß und das unter ihm liegende Land 1570 m. Nach meinen eigenen barometrischen Messungen nehme ich an, daß dieser Berg gute 3350 m hoch sein muß. Die Flora – sie ist immer ein guter Indikator betreffend die Bergeshöhe – beweist eindeutig, daß der Wa shan höher sein muß als der knapp 3300 m hohe Emei. Dieselbe Ansicht teilen auch die Talbewohner, die bestätigten, daß der Wa shan höher sei als der Emei.

Wa shan gleicht einer riesigen, die Wolken berührenden Arche Noah, insbesondere von Emei aus, da man von hier aus auf seine Breitseite schaut. Aus der Nähe scheint er dagegen aus einer Reihe von aufgeschichteten, senkrecht abfallenden Kalksteinklippen zu bestehen, durchbrochen nur an einer einzigen Stelle. Das Auffälligste aber ist die sonderbar flache Gipfelregion. Von Ta-t'ien-ch'ih aus, einem Weiler auf knapp 1900 m ü. M., der sich in einer Senke am Fuß des Wa shan befindet, scheint dieser aus seltsamen Vierecken zu bestehen, und man glaubt, die Höhendifferenz betrage höchstens 600 m. Tatsache ist jedoch, daß diese mindestens 1500 m beträgt. Als man mir diesen Bergriesen zum ersten Mal von etwa 32 km Entfernung zeigte, wollte ich es kaum glauben, daß dies Wa shan sei, erschien er mir doch viel zu niedrig, zu wenig mächtig. Aber er versteckt seine eigentliche Höhe hinter seiner Massigkeit. Wie ich schon erwähnte, gebührt dem Engländer E. Colborne Baber die Ehre, am 5. Juni 1878 diesen Berg erstmals bestiegen zu haben. Seine Beschreibung dieser Erstbesteigung ist so schön und genau, daß ich nichts Besseres tun kann, als seinen Text im Wortlaut wiederzugeben: «Der obere Teil dieses imposanten Berges ist gewissermaßen aus einer Serie von Etagen zusammengesetzt, die aus zwölf oder vierzehn jähen Klippen bestehen, eine aus der andern aufragend, jede nicht weniger als 60 m hoch und jede mit etwas Abstand zur andern. Jede einzelne Klippe wird auf allen vier Seiten weitergeführt oder anders ausgedrückt: sie bilden eine Flucht von Stockwerken mit dreizehn Etagen, jede 55 m hoch und 9 m breit. Man könnte auch sagen, daß dreizehn viereckige Kalksteinsockel, die vielleicht etwas

Weiler Ping ling shih mit Wa wu Berg im Hintergrund (West-Sichuan)

Pflanzensucher, -sammler und Träger. Expeditionsteilnehmer, die mit mir gemeinsam von Kuan hsein über Tachienlu eine Distanz von ungefähr 500 km zurücklegten. (West-Sichuan), 9. Juli 1908

hochformatig sind, jeder 55 m breit und jede Seite ungefähr 1½ km lang, mit Sorgfalt aufeinandergeschichtet wurden, in regelmäßigen Abständen bis hinauf auf 2450 m Bergeshöhe. Oder vielleicht darf man Wa shan mit einem isometrischen Kristall vergleichen, der aus einer Kette von unregelmäßig angeordneten Steinen hervorragt? Aber wahrscheinlich entzieht er sich jeder Beschreibung: Wa shan ist unvergleichlich. Vermutlich wird es einmal einen schriftstellerisch begabten Touristen geben, der für dieses Thema ‹schöne Worte› finden wird. Bis dahin aber gibt es keinen besseren Ort für einen schlechteren Zweck! Sollte sich aber dieser Tourist von der gewöhnlichen Sorte unterscheiden, dann wird er nur schauen und staunen und schweigend weitergehen.»

Am 30. Juni 1903 nachmittags kamen wir am Weiler Ta-t'ien-ch'ih vorbei, der eingeschlossen in einem Bergkessel liegt, der ungefähr 1½ km lang und halb so breit ist. An seinem unteren breitesten Ende lag ein Bergsee, der von prächtigster Vegetation umgeben war. Ein Rittersporn *(Delphinium)* mit schönsten blauen Blüten wuchs dort sehr üppig. Die Chinesen nennen diese Pflanze ‹Wu-tzu› und sagen auch, daß sie giftig für Mensch und Vieh sei. Rund um die Gehöfte wurden Mais, Erbsen, Bohnen, Buchweizen und Irische (weiße) Kartoffeln angebaut. Die meisten Bewohner sind Christen. Das

Saxifraga cuscutiformis

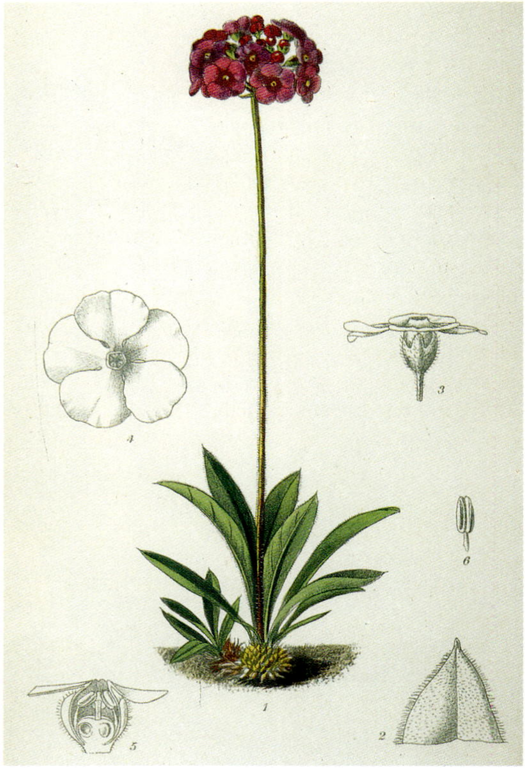

Androsace spiniflora

einzige einigermaßen schöne Gebäude ist das römisch-katholische Missionshaus.

Als ein Führer gefunden war, konnten wir daran denken, die Besteigung des Wa shan in Angriff zu nehmen. Wir verließen das Gasthaus am ersten Juli um Viertel vor sechs Uhr morgens. Nebelschwaden verhinderten die Sicht, zudem war die Witterung rauh und kalt. Wir konnten keinen eigentlichen Bergweg benützen; unser Pfad bestand höchstens aus kaum erkennbaren Trittspuren. Der Anstieg war steil, anstregend, wirklich mühsam. Nachmittags um halb drei Uhr begann es zu regnen, und es regnete ohne Unterlaß bis wir abends um halb sieben Uhr unsere Unterkunft erreichten. Wir waren vollkommen durchnäßt, durch und durch bis auf die Knochen.

In früherer Zeit müssen die Berghänge des Wa shan mit Silbertannen bestanden gewesen sein. Doch es muß schon lange her sein, seit sie gefällt worden sind; die Stämme liegen noch herum, gerade dort, wo sie hingefallen sind. Einige unter diesen gefällten Tannen waren mindestens 45 m hoch und hatten einen Umfang bis zu 6 m. Und hier, auf diesen modernden Stämmen und Baumstrünken, haben sich Rhododendronarten angesiedelt, über 6 m hohe Sträucher sind nicht selten. In der Gipfelregion wächst noch ein Silbertannen-Restbestand, aber kein einziges Exemplar erreicht seine natürliche Größe; beinahe alle wiesen abgebrochene Spitzen auf, verursacht durch Wind- oder Schneedruck. Die Situation auf Wa shan zeigt – und dies habe ich ebenso auf anderen Bergen feststellen müssen –, daß auch die Chinesen kein Verständnis für die Erhaltung des Waldbestandes haben und seit alten Zeiten willkürlich roden. Nur noch fünfzig weitere Jahre unter dieser Regierung, und kein einziges erreichbares Waldstück wird mehr bestehen, sei es in Zentral-, Süd- oder Westchina! Das Holzkohlebrennen strapaziert die Vorräte an Hartholzbäumen und -sträuchern auf unverantwortliche Weise. Das Herstellen von Pottasche ist ein weit verbreiteter Erwerbszweig in den Bergregionen Westchinas, was ein weiterer Grund für diese skrupellose Vegetationszerstörung ist. Die Ursache, weshalb Eiche, Buche und Hagebuche in dieser Gegend nicht mehr vorkommen, suche ich ebenfalls in der Tatsache, daß Kohlebrennerei seit Jahrhunderten hier praktiziert worden ist.

Neben der Silbertanne, *Abies delavayi*, gibt es nur noch drei andere Koniferen: *Tsuga yunnanensis*, *Juniperus formosana* und *Picea complanata*. Die Rhododendren sind vorherrschend; zum Glück eignen sich diese nicht zur Herstellung von Holzkohle. Bei 2300 m Höhe sieht man sie zum ersten Mal, am häufigsten sind sie auf 3000 m und höher. Beim Aufstieg sammelte ich 16 Arten. Die Variationsbreite ist enorm: Einige sind 10 bis 15 cm groß, andere erreichen riesenhafte Größen von 9 m und mehr. Die Blüten zeigen sich in allen Größen und Farben, ja sogar blaßgelbe gibt es. Beim Aufstieg war es höchst interessant zu beobachten, welche Standortansprüche die einzelnen Arten zu haben scheinen. Am verbreitetsten war *Rhododendron xanthinum*, dieser blüht in allen möglichen Purpurschattierungen.

Geranium farresii

Trollius chinensis

Schon ungefähr hundert Schritte vom Gasthaus entfernt beginnt der Aufstieg. Feldkulturen gibt es ab 1900 m Höhe nicht mehr. Es folgt ein etwa 300 m messender Gürtel, der einmal vor langer Zeit bebaut gewesen sein muß, nun aber vollkommen vergandet ist; hier hat sich hauptsächlich eine dichte Unkrautvegetation angesiedelt. Dazwischen haben sich mehrere *Rodgersia pinnata* var. *alba* (Saxifragaceae) eingenistet, auch *Spiraea aruncus* (= *Aruncus dioicus*), *Astilbe japonica*, verschiedene Läusekräuter, da und dort Sträucher von *Deutzia longifolia*, *Philadelphus wilsonii* und *Rhus orientalis* (Anacardiaceae). Nach etwa 150 Meter Steigung kommt ein fast undurchdringliches Bambusdickicht, worin die Art *Arundinaria nitida* besonders dicht wächst, dünne Halme von durchschnittlich 1,8 m Länge sind ein Merkmal. Danach folgen, bevor das Hochplateau erreicht ist, auffällige Sträucher wie z. B. *Syringa sargentiana* (s. S. 83 f.); *Hydrangea anomala*, *H. villosa* (s. S. 92 f.); *Neillia affinis* (Rosaceae); *Dipelta ventricosa* (Caprifoliaceae); *Ribes longeracemomus* var. *davidii; Enkianthus deflexus* (Ericaceae), ein Storaxbaum, *Styrax wilsonii;* dazu *Deutzia* (2 sp.), *Rubus* (5 spp.), *Viburnum* (4 spp.), *Spiraea* (4 spp.), *Acer* spp., *Malus* spp., *Sorbus* spp. Die schönen *Meconopsis chelidonifolia* (s. S. 124 ff.); *Fragaria filipendula* und *Lilium giganteum* (s. S. 102 ff.) gehören zu den Stauden des tieferen Gürtels. Auf Felsklippen haben sich insbesondere Rhododendren (s. S. 116 ff.) angesiedelt.

Das Hochplateau auf 2600 m ü. M. ist ungefähr 750 m breit, da und dort bemerkt man Feuchtgebiete, alle anderen Standorte sind dicht bewachsen mit verschiedenartigen Sträuchern und Bambus. Außer den schon aufgezählten Pflanzen, die im unteren Vegetationsgürtel vorkommen, sahen wir *Hydrangea xanthoneura* (s. S. 92 f.), *Rosa sericea* (s. S. 120 ff.) und *Aralia chinensis*, zudem eine besondere *Caltha* und noch einige Koniferen. Je weiter wir vorangingen, desto mehr herrschte die Gattung *Rhododendron* vor. Nachdem wir das Hochplateau durchquert hatten, erreichten wir die nordwestliche Ecke der nächsthöheren ‹Etage›. Nun kamen wir eher kriechend als kletternd vorwärts, immer einem schmalen, krummen kleinen Felsenweg folgend, der teils überwuchert war von verschiedenen Sträuchern, die aber, je näher wir der 3000-m-Höhengrenze kamen, immer mehr den Rhododendren weichen mußten. Hier oben erfreute uns die üppig weißblühende *Rosa sericea*, die in der unteren Region schon verblüht war. In diesem Gürtel kommen zwei oder drei *Lonicera*-Arten vor, verschiedene *Labiatae* und auf beschatteten Felsen mindestens drei Spezies der *Primula*, darunter *P. ovalifolia* (s. S. 114 ff.).

Cotoneaster ambigua

Von 3000 m Höhe an bis zum Berggipfel sind Rhododendren zu 99 % flächendeckend. Das übrige Prozent machen ein paar Koniferen, dazu *Rosa sericea*, *Clematis montana* var. *wilsonii* (s. S. 99 f.), *Pieris* und *Gaultheria* (Ericaceae) aus. Von den Stauden sind die Primeln am bemerkenswertesten. Fünf neue Arten dieser Gattung fanden wir hier, darunter die eher seltene *P. prattii* (s. S. 114 ff.). Ein blaublühender Lerchensporn, der gelbblühende Frauenschuh mit riesigen Blüten – es handelt sich um *Cypri-*

pedium luteum –, *Rubus flocculosus* und noch eine zweite krautige Art sind sehr schöne Pflanzen. An schattigen Felsen wächst prächtig die seltsame *Berneuxia tibetica*[1]. Diese interessante Pflanze wurde von Franchet zuerst der Gattung *Shortia* zugeordnet, die aber wegen besonderer Charakteristiken von dem Botaniker Decaisne zu einer neuen Diapensiengattung erklärt worden ist. Die kleinen Blüten sind unscheinbar, rosa oder weiß. Auf nackten Felsen sammelte sich die liebliche *Cassiope selaginoides* (Ericaceae), deren weiße Blütenglöckchen mich entzückten. Doch meine besondere Aufmerksamkeit und mein Interesse galten hauptsächlich den Rhododendren, deren wunderbare Blütenpracht sich jeder Beschreibung entzieht (s. S. 116ff.). Sie blühten dort zu Hunderten, zu Tausenden, zu Zehntausenden, Sträucher von jeder Größe, viele davon knapp 10 m und mehr in Höhe und Durchmesser, sämtliche so üppig mit Blüten bedeckt, daß die Blätter kaum mehr sichtbar waren! Die einen blühen karminrot, andere hellrot, einige fleischfarben, wieder andere in silbrigem Rosa, vereinzelt auch gelb oder reinweiß. Die riesigen Stämme, knorrig gewunden und gedreht, waren besetzt mit Moosen und Flechten, von letzteren war *Usnea longissima* die auffälligste Art. Es grenzt ans Wunderbare, und man fragt sich, wie diese Rhododendren überhaupt wurzeln konnten in dieser wilden Gegend, die durchsetzt ist von Felsen, Riffen, Abhängen und Spalten. Viele von ihnen haben auf alten Baumstrünken Fuß gefaßt, insbesondere auf der Silbertanne, einige sind Epiphyten. Unter den Sträuchern hatte sich ein

Berghütte in San-chia tsze auf ca. 3800 m ü. M. Unsere Unterkunft liegt unterhalb der Paßhöhe von Hsueh shan

Torfmoos (*Sphagnum* ssp.) häuslich eingerichtet und breitete sich als schöner, aber trügerischer Teppich vor unseren Füßen aus. Auf einem nackten Felsvorsprung sammelte ich zwei zwergwüchsige Rhododendren, die nicht mehr als einige Zoll maßen, die eine Art mit tief purpurnen Blüten, die andere in sanftem Hellgelb.

Zuerst verhinderte dichtester Nebel jede Sicht, aber etwa um zehn Uhr brach die Sonne durch und riß für eine kurze Weile den grauen Vorhang entzwei, und wir konnten uns nicht sattsehen an diesem wunderbaren Weitblick. An einer besonderen Stelle beugten wir uns über den Abgrund, im Ohr das laute Tosen eines Wildbachs, der viele hundert Meter unter uns vorbeirauschte. In Gipfelnähe mußten wir drei Steilwände überklettern, jede 12 bis 15 m hoch. Zu diesem Zweck waren hölzerne Leitern angebracht worden. Beim Hinaufsteigen trug ich meinen Hund, meinen treuen Begleiter, ohne an den Abstieg zu denken. Beim Rückweg zitterte er vor Angst und Schrecken und, obschon wir ihm die Augen verbanden, sträubte und wehrte er sich, was mein eigenes Gleichgewicht mehr als einmal in Gefahr brachte. Von Herzen dankbar war ich, als wir sicheren Boden unter den Füßen hatten. Ich muß schon sagen, es ist ziemlich nervenaufreibend, eine Leiter ohne Schutzhalterung hinaufzuklettern, insbesondere wenn sie an einer senkrecht abfallenden Steilwand angebracht ist und man beim Blick nach unten in abgründige Tiefen schaut, die sich in Ne-

Auf dem Gipfel von Wa wu shan (West-Sichuan); Delevays' Tannen, 11. September 1908

belschwaden verlieren. Die erste Leiter ist an einem schmalen Felsvorsprung angebracht, der höchstens 2,5 m breit ist. Von hier aus führt ein Pfad gipfelwärts, den man nur mit den Worten schrecklich steil, schwierig und gefährlich beschreiben kann. Nach der letzten Leiter folgte etwas, das vor langer Zeit einmal eine solche gewesen sein mag ... Kurz danach kamen wir zu einem Pfad, der so leicht und angenehm zu gehen war, daß er uns glauben machte, wir befänden uns daheim auf einem Sonntagsspaziergang. Und plötzlich, ganz unerwartet hatten wir den Gipfel erreicht und befanden uns auf einem leicht welligen, ausgedehnten Hochplateau, das mit großen Rhododendronbeständen dicht bestückt war, die sozusagen geschmückt wurden von schönen Girlanden der *Clematis montana* var. *wilsonii* (s. S. 99 f.). Baumstrünke der Silbertannen lagen da, beeindruckende Zeugen längst vergangener Zeit. Hier auf dieser Bergeshöhe müssen sich einst die Koniferen dicht nebeneinander gedrängt haben, zu ihren Füßen mäandrierende Bäche und Rinnsale, mit Anemonen und Primeln bestanden. Baber sagt zu recht, daß hier oben der «reizvollste Naturpark der Welt» zu finden sei. Ruinen von Tempeln fanden wir ebenfalls vor, alle verfallen. Nur ein einziger stand noch unversehrt da; im Inneren sieht man eine Statue von P'u-hsien Pu'ssa auf einem Elefanten aus Gips. Der ganze Tempel ist aus dem Holz der Silbertanne gebaut worden und in ausgezeichnetem Zustand. In seiner Nähe wurde auf einer kleinen Fläche Rhabarber für medizinische Zwecke kultiviert; zudem bemerkte man ein paar Weißkohlköpfe und Kartoffeln. Der halbstrauchige *Sambucus adnata* und einige andere Stauden wie *Pedicularis*, *Microula*[2], *Fragaria filipendula* und *F. elatior* begleiteten uns vom Ausgangspunkt bis hinauf zum Gipfel. Auf die Erdbeerart *Fragaria filipendula* möchte ich besonders hinweisen, weil ihre Frucht äußerst schmackhaft ist. Sie bildet ansehnliche Beeren aus und hat ein weites Verbreitungsgebiet in Westchina, ja sogar in Tachienlu wurde sie mit Rahm von Yakmilch als Nachtisch aufgetragen.

Zwei Tage später bestieg ich einen der herausragenden Zacken des Wa shan, und ich konnte meiner Sammlung mehrere neue Pflanzenarten hinzufügen. Davon möchte ich erwähnen: *Paeonia veitchii* (s. S. 112 ff.), *Rubus tricolor*, *Clematis faberii* (s. S. 99 f.), *Ribes laurifolium*, *Potentilla veitchii*, *Pyrola rotundifolia*, *Styrax perkinsiae*, *Aristolochia moupinensis*, *Acer*, *Anemone*, *Pyrus*, *Sorbus*, *Berberis* und *Primula*. Hoch oben auf den Felsvorsprüngen wuchs ein Edelweiß, *Leontopodium*, und mehrere Arten von *Anaphalis* (Asteraceae) waren zahlreich vertreten. In den Sphagnumdecken fanden wir mindestens drei verschiedene Lycopodien. Auf feuchten, berieselten Felsen, auch auf modernden Rhododendronstrünken wuchs üppig ein zarter, durchscheinender Farn, *Hymenophyllum omeiense*. Vier Tage verbrachte ich auf diesem Berg mit Botanisieren und konnte meine Pflanzensammlung um ungefähr 220 besondere Arten erweitern. Jeder Tag brachte härteste Arbeit, und der Ausdruck ‹bis auf die Haut durchnäßt› beschreibt kaum unseren Zustand, wenn wir abends in unser Gasthaus zurückkehrten. Einmal, beim Überschreiten einer Schutthalde, verhütete geistesgegenwärtig einer meiner Träger meinen Sturz über eine Steilwand in den Abgrund.

Auch in zoologischer Hinsicht sind der Wa shan und seine Nachbargebiete höchst interessant, weil hier noch ein Wildrind, *Budorcas tibetanus*, der Sichuan-Takin lebt. Leider habe ich nur Spuren gesehen, die fast so groß waren wie die einer Kuh. Für Ornithologen scheint dieses Gebiet ebenfalls von Interesse, weil hier mindestens fünf verschiedene Fasanenarten vorkommen, auch der sogenannte ‹Blut›- und ‹Amherst›-Fasan.

Ich habe viele Berge in China bestiegen, habe überall botanisiert, einige Gipfel waren viel höher als der Wa shan, aber auf keinem habe ich eine Flora der kalt-gemäßigten Zone vorgefunden, die noch reicher an Arten gewesen wäre. Bedenkt man Wa shans Pflanzenvielfalt und -reichtum, seine bemerkenswerte Fauna, seine geologischen Besonderheiten, seine naturparkähnliche Gipfelregion, so verdient er es, noch von vielen Naturforschern besucht zu werden.

Anmerkungen der Übersetzerin

1 Gattung mit nur 2 Arten, die im östlichen Tibet und südwestlichen China vorkommt, wird der Familie der *Diapensiaceae* zugeordnet, die systematisch den *Ericaceae* nahesteht.

2 Gattung der *Boraginaceae*, die insbesondere in Westchina vorkommt.

Pflanzenporträts in alphabetischer Folge

Nichts Größeres gibt es
als die Spitze eines Härchens
von einer Pflanze im Herbst

Dschuang Dse

ABKÜRZUNGEN

e.: englisch
f.: französisch
sp.: spanisch
it.: italienisch
ar.: arabisch
Lit.: Literaturverzeichnis

红半边莲

Chinesische oder Evans-Begonie

(*Begonia evansiana* Andr. = *B. sinensis* DC = *B. grandis* Dryans. *var. evansiana* [Andr.] Drymsch. = *B. discolor* Ait.)

Pinyin: hong qui hai tang
e. : Evans begonia
f. : bégonia
sp: begonia
it.: begonia

Begoniaceae

Vorkommen:
Südwestchina; beschattete Felsen, dichte Gebüsche, Rasenplätze, auf Kalk, Sandstein und Schiefer, zwischen 800–1600 m.

Botanische Merkmale:
Die Gattung *Begonia* umfaßt rund 900 Arten und gab dieser Pflanzenfamilie den Namen (zu Ehren von Michel Bégon [1638–1710], einem Förderer der Botanik). *Begonia evansiana* hat einhäusige, hellrosa Blüten, ♂ etwas kleiner als die ♀, mit unregelmäßig größeren Tepalen. Blatt breitherzförmig, ausgeprägt asymmetrische, lang zugespitzte Spreite – der anschauliche, altdeutsche Name ‹Schiefblatt› ist etwas aus der Mode gekommen – oben saftiggrün-weißlich-rosafarben, unten behaarte Blattnerven, in den Achseln oft Brutknöllchen. Knolle walnußgroß mit vielen braunen Faserwürzelchen; Stengel eher kahl, einfach, kaum verzweigt, blaßgrün. Blütezeit: Herbst.

Geschichte/Kultur/Symbolik:
Es war und ist offensichtlich sehr schwierig *Begonia*-Arten zu unterscheiden, Systematiker und Gärtner scheinen sich nicht einig zu sein, ob die hier besprochene *Begonia evansiana* eine Art sei und *B. sinensis* ein Synonym, oder ob es sich um zwei verschiedene Arten handelt, wie sie in ‹Illustrierte Flora

Begonia cathayana

Begonia laciniata

Begonia sinensis

Begonia cyclophylla

Chinas› aufgeführt sind. Als *Begonia evansiana* kam diese Pflanze 1808 nach Kew Gardens. Chinesische Maler und Bildhauer haben oft eine vierzählige Blüte dargestellt.

Begonia hemsleyana

Es ist die qui hai tang, d. h. ‹Blüte des Herbstes›, was den Wissenden bedeutet: Auch alternde Menschen können frühlingshaft aufblühen! Begonienliebhaber und gärtnerische Kunst haben im Laufe der Zeit viele Hunderte von verschiedenen Begonien gezüchtet: Blatt- und Knollenbegonien, Garten- oder Zimmerpflanze. Die sogenannte ‹Grabbegonie›, *Begonia semperflorens*, wurde aus Südamerika eingeführt, aber auch sie kommt in China wildwachsend vor. *Begonia crassirostris*, *Begonia fimbristipula* werden in chinesischen Kräuterbüchern auch als heilkräftig aufgeführt.

Heilwirkung:
entzündungswidrig, fiebersenkend, auflösend, milchtreibend; Kinder sollten vermeiden, Blätter zu essen, da sie in größeren Mengen giftig sind.

Lit.: 12, 28, 31, 34, 43, 51, *93*, 120, *136*, 260

岩白菜

Rötliche Bergenie

(*Bergenia purpurascens* [Hook. f. et Thoms.] Engl. = *B. delavayi* [Franch.] Engl.)

Pinyin: yan-tai-cai
e.: purple bergenia
f.: bérgenia rougeâtre

Saxifragaceae

Vorkommen:
Westchina, auch Nordburma; in Tannenwäldern, unter Rhododendren, in Bambusbeständen, zwischen Steinen, 3200–4200 m.

Botanische Merkmale:
Staude; Blätter überwinternd; Kelch und Krone fünfzählig, Blüte zwittrig, etwas glockenförmig, tiefpurpurn. Blatt einfach, breiteiförmig, gezähnt; Stengel dicklich; Blütenstiel lang; Blütenstand hängend; 6–7 [5–6].

Geschichte/Kultur/Symbolik:
Die Bergenien wurden früher der artenreichen Steinbrechgattung zugeordnet. Bergenien, eine kleine Gruppe, kommen in der nördlichen Hemisphäre, in der Alten und der Neuen Welt vor. Die Rötliche Bergenie ist eine wildwachsende chinesische Art. Dichter und Künstler hat sie nicht inspiriert, auch als Medizinalpflanze ist sie unbedeutend, doch als Gartenpflanze wird sie in unsern Breitengraden hoch geschätzt. Die vielen Varietäten und Sorten pflanzt man mit Vorliebe an schattige Plätzchen, in die hintersten, vergessenen Ecken von Anlagen und Parks. Handel-Mazzetti (Lit. 93) findet sie u. a. auf dem Gipfel des Yoa shan,

Bergenia purpurascens

Koelreuteria paniculata

in Südwestchina; siebzig Jahre später sieht Lancaster (Lit. 136) sie neben einer blaßgelben Fritillaria in der Gegend von Cang shan blühen und notiert als Vorkommen «insbesondere an steilabfallenden, feuchten Felsen».

Lit.: *92*, *93*, 105, *136*, *147*, 203, 220, 265

栾树

Blasenbaum

(*Koelreuteria paniculata* Laxm.)

Pinyin: luan hua
e.: China tree, pride of India

Sapindaceae

Vorkommen:
Nordchina, auch Korea, Japan; weltweit als Zierbaum angepflanzt.

Botanische Merkmale:
Baum, bis 16 m, Krone schlank, hochgewölbt; Blätter gefiedert, bis 35 cm lang, Fiederchen eiförmig-länglich, meist grob gesägt; Spindel rot; Blüten klein, gelb, in lockeren, vielblütigen, aufrechten Rispen; 6–9; Fruchtstand hängend, aufgeblasene Kapseln mit 3 schwarzen Samen. Jungpflanzen frostempfindlich, später winterhart.

Geschichte/Kultur/Symbolik:
Blasenbaum/-esche gehört zu derselben Familie wie die Litschi. Diesen schönen Baum kann man zweimal im Jahr bewundern: Im Sommer erfreuen die aufrechten gelben Blütenrispen und im Spätherbst die auffälligen hängenden Fruchtstände mit den hellgrünen aufgeblasenen Kapseln. In der klassischen Schrift Chou Li (Lit. 141) heißt es, daß die Grabbäume nach Rang und Würde der Verstorbenen ausge-

wählt wurden: Die Kiefer für den Herrscher, den ‹Sohn des Himmels›, Thuja für die Prinzen, der Blasenbaum für hohe Regierungsbeamte, der Schnurbaum für Studierende und die Pappel oder Weide für das gemeine Volk. Um 1750 wurde der Blasenbaum vom Jesuitenpater und Botaniker d'Incarville nach Paris gebracht und im ‹Jardin des Plantes› kultiviert. Die *Koelreuteria* ist in ganz Europa zu einem beliebten Zierbaum für Parks und große Gärten geworden.

Heilwirkung:
In der traditionellen chinesischen Heilkunde werden die Blüten gegen Bindehautentzündung verwendet.

Lit.: 6, 12, *28*, 34, 41, *51*, 54, 136, 141, *147*, *265*

Chrysanthemum sinense

野菊

Indische Chrysantheme, Winteraster

(Chrysanthemum indicum L. = *Ch. tripartium* Sw. = *Ch. procumbens* Lour. = *Pyrethrum indicum* Cass.*)*

Pinyin: ye ju / chü
e. : wild chrysanthemum
f. : chrysanthème des jardins
sp.: crisantemo
it. : crisantemo

Gärtner-Chrysantheme

(Chrysanthemum morifolium Ramat = *Ch. sinense* Sabine = *Pyrethrum sinense* DC*)*

e.: florist's chrysanthemum
f.: chrysanthème de Chine

Asteraceae (Compositae)

Vorkommen:
Wildwachsend überall in Mittelchina, in Wäldern, Berggebieten, an Wegrändern.

Botanische Merkmale:
Halbstrauch; Stengel der jungen Pflanze weichhaarig, später meist kahl; Blatt grob gelappt, graugrün; Blütenköpfe mehrfarbig, rispig gebüschelt; 10–12.

Geschichte/Kultur/Symbolik:
Einige Botaniker und Chrysanthemenzüchter sind der Ansicht, daß die heutige Chrysantheme unserer Gärten aus einer einzigen Art entstanden sei. Von einer Mehrheit wird dagegen vermutet, daß zwei verschiedene Chrysanthemen, *Chrysanthemum indicum* und *Chrysanthemum morifolium*, die beiden Mütter der chinesischen und der westlichen Züchtungen waren. Seit mehr als 3000 Jahren wird die ‹Zierde des Herbstes› – so lautet der chinesische Volksname der Chrysantheme – in China kultiviert und gezüchtet. Im ‹Buch der Oden›, das von Konfuzius 500 v. Chr. herausgegeben worden ist, wird die gelbe Chrysantheme mehrmals erwähnt; damals waren ‹gelb› und ‹gelbe Blume› sogar

Synonyme. Sehr viel später, zur Zeit der Tang-Dynastie (618–906 n. Chr.), besingen die Poeten nur die weiße Chrysantheme, hin und wieder wird auch die purpurrote aufgeführt. Doch während der Sung-Dynastie (961–1278 n. Chr.) verherrlichte man alle Chrysanthemen, gelbe, weiße, goldene und purpurrote.

Es ist möglich, die geschichtliche Entwicklung dieser einzigartigen Zierde des herbstlichen Gartens aufs genaueste in den verschiedenen überlieferten Texten zu verfolgen. Li (Lit. 147) schreibt: «Der Ursprung der verschiedenen Farbschattierungen und Blütenkopfformen muß in einem sehr differenzierten Auswahlverfahren gesucht werden. Es scheint, daß man schon in ältester Zeit gewußt hat, daß auch kultivierte Pflanzen keimfähige Samen produzierten, die verwendet wurden, um neue Farben und Formen zu erreichen. In einem alten Text heißt es, daß man welke verschiedenfarbige Blumenköpfe sammelte; die Erfahrung hatte gelehrt, daß neue interessante Formen entstehen, wenn diese nur leicht mit Erde bedeckt werden.»

Dazu notierte Fortune (Lit. 68): «Sobald die jungen Pflänzchen wurzelten, wurden sie umgetopft. Die fette Erde, die dafür verwendet wurde, holte man sich aus untiefen Seen oder Teichen.» Diese Technik, neue Kreuzungen zu erhalten, erreichte ihren Höhepunkt zwischen dem zehnten und dreizehnten Jahrhundert. Fan Ch'eng-ta, ein Dichter der Sung-Zeit berichtet von 36 verschiedenen Chrysanthemensorten, die allein in seinem Dorf kultiviert wurden. Li stellt fest: «Die Chrysantheme ist sicher die wertvollste aller Blumen, die in letzter Zeit in China kultiviert worden ist. Es gibt mehrere wichtige Zentren, die immer wieder neue Sorten entwickeln. In China gibt es viel mehr merkwürdige, kuriose Formen mit auffälligsten Farbnuancen als in allen Gärten der restlichen Welt. Es mag sein, daß westliche Blumenzüchter mehr kommerzielle Aspekte im Sinn haben und es vermeiden, allzu seltsame Neuformen auf den Markt zu bringen.»

Unbestritten ist, daß die ursprüngliche gelbblühende *Chrysanthemum indicum* eine verbreitete Art in Mit-

Senecio clivorum

Chrysanthemum indicum

telchina ist, ebenso die weiße oder purpurrote *Chrysanthemum morifolium.** Weil Chrysanthemen durch Kultivierung sich so grundlegend verändert haben und so viele Hybriden gezüchtet worden sind, ist es heute fast ausgeschlossen, die urspüngliche(n) Art(en) aufzuspüren. Die ‹Goldene unter den Blumen›, wie chinesische Dichter sie preisen und Maler sie abbilden – beide werden seit ältester Zeit nicht müde, die der kalten Jahreszeit trotzende Chrysantheme zu feiern. Der Dichter T'ao Yüan-ming (372–427 n. Chr.) zog sich angewidert vom höfischen Treiben in die Einsamkeit zurück und widmete sich nur noch seinem Garten, insbesondere seinen Chrysanthemen. Seither symbolisiert diese Blume «zurückgezogen leben und in Ruhe genießen». Der Chrysanthemenwein, der während der Tang-Zeit bei Festlichkeiten gerne getrunken worden ist – «insbesondere am neunten Tag im neunten Monat auf einem Berggipfel, bei frischer Luft und klarer Weitsicht wünschte man sich ein langes schönes Leben» (Lit. 28) –, scheint vergessen zu sein.

Wirkstoffe:
Carotinoide, Chrysanthemin, Glukoside

Heilwirkung:
Als Heilpflanze gehört *Chrysanthemum indicum* zu den fünfzig Grundpflanzen der Materia Medica (Lit. 272). Die Blüten wirken entzündungswidrig (Bindehautentzündung), blutdrucksenkend, antibakteriell, gegen Kopfschmerzen.

*In diesem Zusammenhang darf darauf hingewiesen werden, daß die Artbezeichnung ‹indicum› irreführend ist, da diese Pflanze in Indien nicht spontan vorkommt. Linné hat auch noch bei anderen Arten, die ihm aus dem Fernen Osten gebracht worden sind, geographische Benennungen wie z. B. ‹indicum›, ‹persica›, ‹babylonica› verwendet, die aber nicht mit der ursprünglichen Heimat der Pflanze identisch sind. (*Anm. d. Übers.*)

Aster staticifolius

Lit.: 12, *27*, *28*, 38, 51, *68*, 84, 93, 123, 129, 141, 145, *147*, 167 a, 170, *214*, 216, 220, 252, 256, 275, 280, 281

翠菊属

Garten- oder Sommeraster

(*Callistephus hortensis* Cass. = *C. chinensis* Nees = *Aster chinensis* [L.] Nees)

e. : China Aster
f. : Reine Marguerite
sp.: aster

Vorkommen:
Verbreitet im hügeligen nördlichen Teil Chinas.

Callistephus hortensis

Botanische Merkmale:
einjährig, sehr große Blütenköpfe, bis zu 8 cm, meist endständig; Hüllblätter 1–3 reihig, Zungenblüten weiß, blau oder rot; Sommer-Zierpflanze, verwildert auf Schuttplätzen.

Geschichte/Kultur/Symbolik:
Die blaue ‹Schön-Gekrönte› – ‹Callistephos› zusammengesetzt aus den beiden griechischen Wörtern καλός (kalos) = schön und στέφος (stephos, poet.) = Kranz, Diadem) – wurde 1728 nach Frankreich, 1731 nach England eingeführt. Einen Erfolg erzielte erst die Firma Vilmorin & Cie, die von Abbé Farges in Sichuan gesammelte Samen zum Keimen bringen konnte. Seither ist die Sommeraster nicht wegzudenken. Es sind viele Kulturformen entwickelt worden. In China gehört sie zu den geschichtslosen Blumen und ist auch als Medizinalpflanze unwichtig.

Lit.: *27*, *28*, 43, 67, 74, 93, 123, *147*, 167 a, 216, 277

关东丁香

Flieder

(Syringa L.*)*

e. : lilac
f. : lila
sp.: lila
it. : lilaco

Oleaceae

Syringa villosa

Syringa villosa var.

Vorkommen:
Der Gattung *Syringa* werden heute 25 Arten zugeordnet, die von Südosteuropa bis Ostasien verbreitet sind. In China kommen über 15 Spezies vor, insbesondere in den Bergen von Hubei und im tibetisch-chinesischen Grenzgebiet.

Botanische Merkmale:
Strauch oder kleiner Baum; sommergrüne Blätter einfach; Blütenstand in auffälligen Rispen, lila (!), weiß oder rötlich blühend, meist stark duftend, extraflorale Nektarien; 5; als Zierpflanze weltweit angepflanzt.

Geschichte/Kultur/Symbolik:
Obgleich in den Bergen unweit von Beijing verschiedene Fliederarten vorkommen, haben diese attraktiven Blütenrispen, die uns jedes Frühjahr bezaubern, weder in der chinesischen Dichtung noch in der Malerei eine Rolle gespielt. Bretschneider (Lit. 23–28) scheint eine Vorliebe für *Syringa* gehabt zu haben. Jedenfalls geht er jeder nach Flieder duftenden Spur nach, was ihm Wilson, Handel-Mazzetti (Lit. 92, 93) und in jüngster Zeit Lancaster (Lit. 136) nachgemacht haben. Der in Südosteuropa spontan vorkommende Gewöhnliche Flieder *(Syringa vulgaris* L.) wurde im 16. Jahrhundert in Mittel- und Nordeuropa eingeführt. Wilson entdeckte auf seiner Pflanzensuche im nordwestlichen Teil der Provinz Hubei oberhalb des Bergwalds zwischen Buchsbäumchen eine noch unbekannte später als *S. verrucosa* bezeichnete Fliederart (vgl. S. 45 in diesem Buch). Im tibetisch-chinesischen Grenzgbiet notiert er: «Beidseitig war die Schlucht reich mit Lärchen und Fichten bewachsen mit sehr artenreichem Unterholz. Hier ist die elegante *Syringa tomentella* (= *S. wilsonii*) verbreitet, ein besonders wohlriechender Flieder mit schön verzweigten Blütenrispen.» Und in einem andern Bergtal sieht er «einen anderen interessan-

ten Flieder mit aufrechten, rosapurpurnen Blütenrispen, der hier sehr häufig ist *(Syringa potaninii)*». Beim Abstieg vom Ta-p'ao shan-Paß entdeckte der unentwegte Pflanzenjäger noch einen weiteren Flieder in der Nähe eines Bergdorfes, wo Äpfel, Aprikosen, Pfirsiche, Pflaumen kultiviert wurden. Hecken rahmten die Obstgärten ein. Hier beobachtete er neben *Ribes alpestre* var. *giganteum*, verschiedenen *Clematis*-Arten. Besonders auffällig war *C. nutans* var. *thyrsoides* mit hübschen nickenden gelben Blüten, ein wunderschöner Flieder, der mindestens drei Meter groß war, dessen riesige Rispen, rosa oder weiß, einen wunderbaren Duft ausströmten. Auf dem Wa shan, einem Berg neben Emei shan, sieht er auf dem Hochplateau eine besonders artenreiche Strauchvegetation: In beeindruckender Vielfalt gedeiht dort neben *Syringa sargentiana*, *Hydrangea anomala*, *H. villosa* (s. S. 92 f.), *Neilla affinis*, *Dipelta ventricosa*, eine besondere Johannisbeere, *Ribes longeracemosum* var. *Enkianthus deflexus*, *Styrax wilsonii*, zwei Deutzien, *Rubus* (5 Arten) *Viburnum*, *Spiraea*, *Fragaria filipendula*, *Lilium giganteum*.
Lancaster (Lit. 136) hat auf seinen Forschungsreisen in Westchina Fliederarten beobachtet, die Wilson entgangen waren.
Es ist interessant festzustellen, daß die Ölgewächse mit den Gattungen *Syringa*, *Jasminum*, *Ligustrum*, *Fraxinus*, *Osmanthus* in China auffällig artenreich vertreten sind.

Lit. *24–28*, 65, 66, 93, *136*, *154*, 178, *261–268*, 282

连翘

Forsythie, Goldflieder

(Forsythia suspensa (Thunb.) Vahl *und Forsythia viridissima* Lindl.*)*

Pinyin: lian qiao, ehr-ts'ao
e. : forsythia
f. : forsythia
sp.: forsythia

Oleaceae

Vorkommen:
Als Unterholz in den Bergen von Mittel- und Nord-China. Auch in ihrer Heimat beliebt als Ziersträucher.

Botanische Merkmale:
Strauch bis 2 m; Blätter einfach, erst nach der Blüte austreibend, bei *F. suspensa* oft dreiteilig; Zweige oft überhängend; Blüten trichterförmig, gelb; 3–4 [4–5].

Geschichte/Kultur/Symbolik:
Der verdiente Pflanzenjäger Robert Fortune (Lit. 68) brachte Mitte des letzten Jahrhunderts diese chinesischen Ziersträucher nach Europa. Ein Frühjahr ohne Forsythienblüte kann man sich kaum mehr vorstellen. Fast in jedem Garten leuchten sie einem entgegen. Schon im Dezember holt man sich den Frühling ins Haus. Forsythienzweige werden in eine Vase gestellt, das Wasser regelmäßig erneuert, und bald lugen die ersten gelben Knospenspitzchen hervor.

Heilwirkung:
Forsythia suspensa, eine der 50 Grundpflanzen der chinesischen Volksmedizin; Blätter gelten als brustkrebsverhütend; Früchte antibiotisch.

Lit.: 28, *31*, *67*, *68*, 147, 178, *273*

Forsythia suspensa

Forsythia viridissima

栀子

Gardenie

(Gardenia jasminoides Ellis = *G. florida* L. = *G. grandiflora* Lour.*)*

Pinyin: zhi zi
e. : Cape jasmine
f. : gardénia
sp.: gardenia
i. : gardenia

Rubiaceae

Vorkommen:
Als Strauch spontan in gemäßigten Zonen Chinas, als Baum im Süden; auch Japan, Riukiu-Inseln, Taiwan; kalkfliehend, Buschwälder. Seit uralter Zeit chinesische Zierpflanze.

Botanische Merkmale:
Strauch oder Baum; gegenständige, immergrüne ganzrandige Blätter mit ausgeprägten Stipeln, oft in 3er Wirteln mit harzsezernierenden Drüsen, oberseits glänzend; Blüten in Knospenlage gedreht, groß, weiß oder blaßgelb, wohlriechend; 5–8 [7–10]; Frucht beerenartig, nicht genießbar.

Geschichte/Kultur/Symbolik:

«In der feuchten Hitze des sechsten Mondes
erreicht sie frischduftend die Menschen;
die Sorgenzerstreuende
ist Gefährtin der Einsamen.»

«Die Kostbarste unter allen Blumen ist die Gardenie», schrieb Tu Fu, ein Poet der Tang-Zeit (618–907 n. Chr.). Seit Jahrhunderten dienen diese reinweißen Blüten als Ansteckblumen, als Dauerblüher in der Porzellanvase, die auch dann duften, wenn sie längst verwelkt sind.

Gardenia florida

Es war Robert Fortune (Lit. 67), der ein besonders schönes Exemplar nach England gebracht hat. Doch die Gardenien werden nur selten in westlichen Gärten angetroffen. Die Blüten ersetzen oft den echten Jasmin, sie werden unter den Schwarztee gemischt und als sogenannter ‹Jasmin›-Tee verkauft.

Heilwirkung:
In der traditionellen Materia Medica Chinas sind Wurzel, Blätter und Früchte der Gardenie wichtig. Anwendung bei Mandelentzündung, Gelbsucht, Bronchialkatarrh, Nierenbeckenentzündung (Lit. 273).

Lit.: 27, 28, 38, 41, *67*, 74, 93, *123*, *147*, 152, 153, 167 a, 193, 220, 224, *273*

白果

Ginkgo

(Ginkgo biloba L. = *Salisburia adantifolia* Sm.*)*

Pinyin: bai guo
e. : maidenhair tree
f. : arbre aux quarante écus, gingko

Ginkgoaceae

Vorkommen:
Vermutlich Südostchina (Ningkuo, Suancheng-Gebiet, Tienmuhshan, südlich Anh-weil). Seit Jahrhunderten in China als Nutzholz, Park- und Tempelbaum kultiviert; heute angepflanzt, sehr widerstandsfähiger Parkbaum.

Botanische Merkmale:
Langlebiger Baum, schlank aufrecht oder dicht kronig, stark verzweigt, zweihäusig; Blatt charakteristisch zweilappig, im Herbst goldgelb; weibliche Blüten ähnlich langgestielten Eicheln, männliche Blüten ziemlich lange Kätzchen; 5–6; Frucht an der Basis mit kragenartigem Wulst, kugelig bis pflaumenförmig, von grün zu gelb zu braun reifend, riecht unangenehm.*

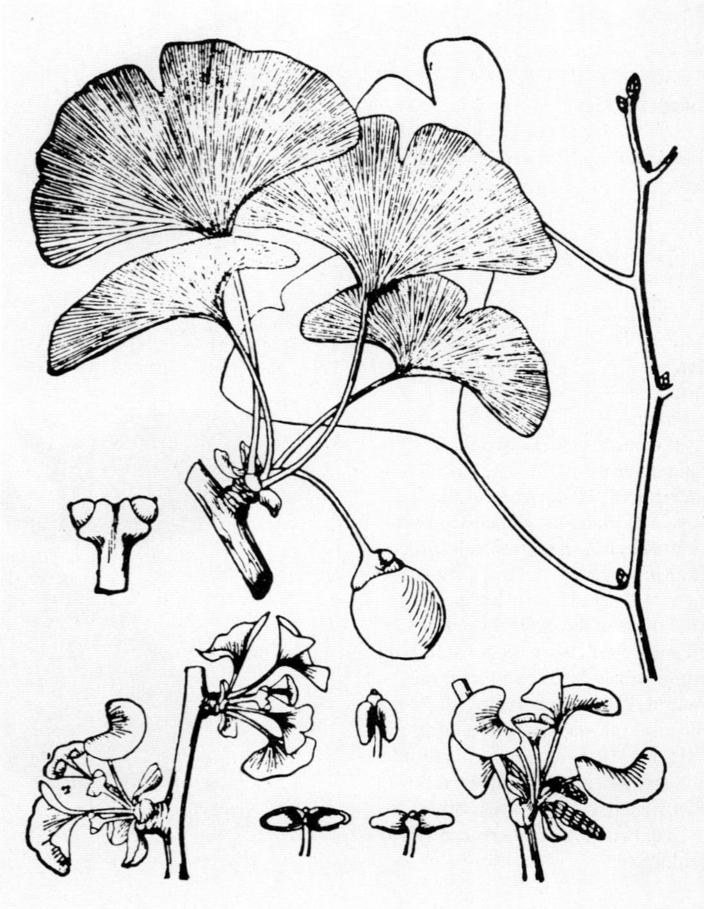

Ginkgo biloba

Geschichte/Kultur/Symbolik:
In ‹Der Ginkgo, seine botanische und gärtnerische Geschichte› sagt Hui-Lin Li (Mitt. d. Dt. Dendrolog. Ges. Nr. 59, 1955/56): «Keine Pflanze verdient es mehr ‹lebendiges Fossil› genannt zu werden als *Ginkgo.* Dieser Baum hatte seine Hauptverbreitung, als die Dinosaurier noch auf der Erde herrschten. Heute ist Ginkgo noch die einzig lebende Art dieser einst so gewaltigen Gattung und unter all den tausenden lebenden Pflanzenarten ein kostbares Bindeglied aus der Vergangenheit zur Gegenwart.» Aus seinem Refugium ist Ginkgo nun durch den Menschen aufs Neue über die Erde verbreitet worden. Dieser Baum bewohnt jetzt wieder Räume, die er im Verlauf der letzten Millionen Jahre verloren hatte. Er gedeiht in städtischen Anlagen, er trotzt hier allen ungünstigen Umwelteinflüssen. Ginkgo überdauerte die Zeiten in China. Im Altertum war er den Chinesen noch unbekannt. Als eine in der Natur vorkommende Pflanze erscheint er zum ersten Mal in Texten zur Zeit der Sung-Dynastie, im elften Jahrhundert n. Chr.; zu dieser Zeit sollen diese Bäume im östlichen China südlich des Yangtse wild gewachsen sein. Ginkgo wird chinesisch

Yin Hsing, ‹Silber-Aprikose›, genannt, oder Ya Chio, ‹Entenfuß›, ein Hinweis auf die besondere Form seines Blattes. Unter der Sung-Dynastie, eine Periode intensiver künstlerischer Tätigkeit, wurde Ginkgo nicht nur erstmals gezielt im Norden kultiviert, sondern viele berühmte Dichter und Maler priesen sein Blatt und seine Früchte, die als kostbar galten. Bevor man diese Silber-Aprikosen als Geschenk überreichte, wurden sie in seidene Tüchlein gewickelt, und dann in eine buntbemalte Porzellanschale gelegt. Der eßbare Kern wurde mit der Walnuß verglichen. Autoren aus der Yuan-Dynastie hielten fest, daß Ginkgo wild im südlichen Anhwei vorkomme. Es war seit jeher sowohl bei den buddhistischen wie auch taoistischen Priestern üblich, Teile des natürlichen Waldes um ihre Tempel herum zu bewahren. Sie erhielten auf diese Weise viele einheimische Arten, die sonst auf dem Wege der Entwaldung ausgerottet worden wären. So kann man oft sehr altehrwürdige Bäume gerade in Tempelhöfen finden, aber sie kommen ebensogut an natürlichen Standorten vor. Entgegen einer immer wiederkehrenden Ansicht ist Ginkgo nicht mit dem Buddhismus in Verbindung zu bringen (Lit. 260). Die Kultur dieses Baumes hat in China keinen religiösen Ursprung.
In Japan eingeführt wurde Ginkgo Anfang des 12. Jahrhunderts. In der westlichen Welt wurde dieser Baum durch den Niederländer Kaempfer bekannt, der ihn 1690 zuerst in Japan gesehen hatte. 1712 brachte er den Ginkgobaum in den Botanischen Garten zu Utrecht und veröffentlichte eine Beschreibung der Pflanze. Der erste weibliche Ginkgo wurde von de Candolle 1814 in Genf beobachtet. In Amerika blieb es dem Bartram-Garten zu Philadelphia vorbehalten, 1784 den ersten Ginkgo gepflanzt zu haben. Heutzutage ist dieses ‹lebende Fossil› ein geschätzter Allee- und Parkbaum in der Alten und der Neuen Welt.
Über den Namen ‹Ginkgo›, seine Entstehung, seine Ableitung sind viele lange Abhandlungen veröffentlicht worden. Kaempfer gab in seiner Artbeschreibung an «Ginkgo, vel Ginan, vulgò Itsjò. Arbor nucifera folio Adiantino». Linné hat ‹Ginkgo› als korrekt anerkannt und dieser Baumart den Namen *Ginkgo biloba* L. gegeben. Seit 300 Jahren kennt man ihn unter diesem Namen; man darf annehmen, daß es in den nächsten 300 Jahren auch so bleiben wird.
Goethe erfaßte in seinem wunderbaren Gedicht das geheimnisvolle, ehrwürdige Wesen von *Ginkgo biloba*, dessen Blatt ihm Rätsel aufgab, die paläontologische Forscher seither gelöst haben (Lit. 81).

Kulinarische Verwendung:
geröstet als Beilagen zu Gemüsegerichten

Heilwirkung:
Frucht: gegen Asthma, Bronchitis, chronische Rhinitis, Wurmmittel; *Samen:* hustenreizstillend, beruhigend; Ginkgolinsäure bekämpft aktiv Tuberkelbazillen; die stärkehaltigen Kerne gelten roh gegessen als krebsverhütend; *Blätter:* Extrakt bei Durchblutungsstörungen nach Thrombosen.

*Der größte Formenreichtum der Klasse Gingkotae wurde von der Trias bis zur Kreidezeit ausgebildet.

Lit.: 26, 28, 51, 67, 93, *136*, 141, *217*, *260*

Gingo Biloba

Dieses Baums Blatt, der von Osten
Meinem Garten anvertraut,
Gibt geheimen Sinn zu kosten,
Wie's den Wissenden erbaut.

Ist es Ein lebendig Wesen,
Das sich von sich selbst getrennt?
Sind es zwei, die sich erlesen,
Daß man sie als Eines kennt?

Solche Frage zu erwidern,
Fand ich wohl den rechten Sinn:
Fühlst du nicht an meinen Liedern,
Daß ich Eins und doppelt bin?

Johann Wolfgang von Goethe

紫藤

Glyzine

(Wisteria sinensis [Sims] DC = *W. chinensis* Sweet = *W. consequana* Lour. = *Glycine sinensis* Sims = *Milletia chinensis* [DC] Benth.*)*

Pinyin: tsü teng
e. : wisteria
f. : glycine
sp.: glicina
i. : glicine

Fabaceae

Vorkommen:
Spontan in Südwest-China; seit altersher beliebte Gartenpflanze.

Botanische Merkmale:
Liane, linkswindend, stark gedrehter Stamm, bis zu 9 m; Blätter unpaarig gefiedert; Beginn der Blüte vor Blattaustrieb, Blütentrauben hängend, lila (selten weiß); 5; bohnenartige Hülsenfrucht; weltweit angepflanzt als Zierpflanze, selten verwildert; frostempfindlich.

Geschichte/Kultur/Symbolik:
Manche sagen, die Glyzine sei die dekorativste aller Lianen. Jedenfalls findet man ihre eleganten blauen Blütentrauben immer wieder abgebildet auf kostbarem Porzellan, Stoffen, Stickereien. Wie keine andere blüht sie in verschwenderischer Fülle an Mauern und Gittern; an ihrem natürlichen Standort überwindet sie Felsen und Bäume. Dazu versteht sie es, jugendlich alt zu werden: Es gibt in Shanghai eine Glycine, die über 300 Jahre alt sein soll und jedes Frühjahr alle Besucher mit ihrem prachtvollen Blütenüberfluß begrüßt. Robert Fortune notiert: «Den wunderbarsten Eindruck macht mir jedesmal eine Glyzine, die kletternd mehrere Bäume mit ihrem Stamm umwinden kann; es gibt kaum etwas Prächtigeres oder Schöneres als solch ein altes Exemplar in voller Blüte zu sehen!» (Lit. 67). Auch Fortunes Nachfolger Wilson war von der Pflanze tief beeindruckt. Er entdeckte darüber hinaus im westlichen Hubei strauchige Glyzinen, die meist üppig blau blühten, selten weiß.
Bei uns wird die Japanische Glyzine *W. floribunda* bevorzugt, da sie später blüht und weniger frostempfindlich ist.

Heilwirkung:
In der Heilkunde werden Rinde, Blätter, Samen und Hülsen verwendet. Die Blätter enthalten Allantoinsäure; in China dienen sie als Tee-Ersatz. Die Rinde wird als giftig eingestuft.

Lit.: 12, 27, 28, 34, 51, 65, 66, *67*, 74, 93, 114, 115, 123, 141, *147*, 156, 167, 201, 218, 240, *260*, 272

Wisteria sinensis

樗白皮

Götterbaum

(Ailanthus altissima [Mill.] Swingle, *A. glandulosa* Desf.*)*

Pinyin: chu oder chou chun
e. : tree of heaven
f. : ailanthe glanduleux
sp.: arbol del cielo
it. : albero del paradiso

Simaroubaceae

Ailanthus altissima

Vorkommen:
Sehr verbreitet in Nord-China, insbesondere Auenwälder; bodenvag.

Botanische Merkmale:
Rinde meistens dunkelgraubraun, fein gestreift; Stamm gerade, mit straff aufstrebenden Ästen; Krone hochgewölbt, unregelmäßig; Wurzelausläufer; wechselständige, sehr lange Fiederblätter, die an der Basis des Blattstiels 2 Drüsen aufweisen; unangenehm riechend; Blüten meist diözisch, grünlich, in langen Rispen; 7; Same geflügelt, im Spätsommer oft karminrot gefärbt.

Geschichte/Kultur/Symbolik:
Der Götterbaum wurde 1751 aus Nord-China nach England, 1786 nach Frankreich gebracht. Damals suchte man einen neuen Seidenlieferanten. Die auf den Maulbeerbäumen lebende Seidenraupe war zu jener Zeit durch Krankheitsbefall stark gefährdet. Als Ersatz versuchte man den Ailanthus-Spinner zu züchten, um die wirtschaftlich wichtige Seidenindustrie zu stützen. Doch der Erfolg war unbefriedigend. Aber der üppig wachsende, anspruchslose Götterbaum verbreitete sich rasch in seiner neuen Heimat. In Südeuropa wächst er heute am Rande von Bächen der kollinen Stufe und ist wie die Robinie zu einer Wucherpflanze geworden. In Mitteleuropa gehört er zu den häufigsten Parkbäumen und dient als Schattenspender, insbesondere in öffentlichen Badeanlagen. Forstwirtschaftlich angebaut wird er hauptsächlich in Österreich und Deutschland.
In China spielt er eine untergeordnete Rolle für die Seidenfabrikation, sein Holz dient als Brennmaterial. Im Gegensatz zum Schnurbaum *Sophora* (s. S. 127 f.) ist der Götterbaum weder für Dichter noch für Maler von Bedeutung. Er gilt höchstens als ‹Unglücksbringer› für den Hobbygärtner, der in seinem kleinen Innenhof die schnellwachsende *altissima* Art eingepflanzt hat, statt einer weniger himmelstrebenden Gartenform. Auch als Medizinalpflanze ist er unwichtig; gelegentlich wird darauf hingewiesen, daß mit der Rinde die Ruhr bekämpft worden sei.

Lit.: 28, 33, 34, 52, 54, 141, 145, 170, 256, 265, 272, 277

荷包牡丹

Herzblume, Frauenherz, Flammendes Herz

(Dicentra spectabilis [L.] Lem. = *Dielytra spectabilis* DC = *Eucapnos spectabilis* Sieb. et Zucc. = *Fumaria spectabilis* [L.] Lam.*)*

Pinyin: hou pao moutan
e.: bleeding heart
f.: cœur de Marie

Papaveraceae

Vorkommen:
Spontan in Bergwäldern Nord- und Mittelchinas, auch Korea, Mandschurei; ziert seit ältester Zeit chinesische Gärten.

Botanische Merkmale:
Staude, 50–80 cm, mehrjährig (Winterschlaf); dicke, fleischige Wurzeln; päonienähnliche Blätter; Blüten disymmetrisch, herzförmig, hängend in nickenden Trauben; 5–6.

Dicentra spectabilis

Geschichte/Kultur/Symbolik:
Als außerordentlich attraktive Pflanze hat *Dicentra* nicht nur seit vielen Jahrhunderten chinesische Gärtnerherzen erfreut. Während der Winterzeit zieht sie sich ganz in den Boden zurück. Schon im Mai zeigen sich ihre elegant hängenden Blütenzweige, die in einer schlanken Vase besonders effektvoll wirken. Dabei wird man unwillkürlich an chinesische Tuschemalerei erinnert, die auf geheimnisvoll unnachahmliche Weise sogar das pflanzliche Innenleben zu erfassen scheint. Pierre d'Incarville fand sie als erster Europäer wild in den Pekinger Bergen. Hundert Jahre später begeisterte das Frauenherz den sonst so sachlichen Fortune (Lit. 68) dermaßen, daß er sie 1847 nach Europa, genauer nach Kew Gardens, einführte und zugleich noch eine pflanzengeographische Korrektur anbringen konnte: «*Dicentra spectabilis* ist keine russische, sondern eine chinesische Art». Nach ihm hat es keinen Botaniker mehr gegeben, der diese zierliche Pflanze außer Acht gelassen hätte.
Die Dichter haben sie nicht besungen, auch als Heilpflanze wird sie weder in alten noch modernen Kräuterbüchern erwähnt.

Lit.: *23*, *27*, 34, *67*, *68*, 74, 93, 178, 214

木芙蓉花
扶桑花
木槿皮

Hibiskus, Roseneibisch

(*Hibiscus* L. = *Kelmia* Guett. = *Münchhusia* Heist. = *Pariti* Adans. = *Solandra* Murr. = *Trionum* Medik. = *Trionaea* Medik. = *Laguna* Cav. = *Bamia* R. Br. ex Wall. = *Hymenocalyx* Zenker = *Bombycidendron* Zoll. et Mor. = *Polychlaena* Garcke = *Ketmia* Scop. etc. etc.)

Baumwollrose

(*Hibiscus mutabilis* L.)
Pinyin: mu fu eong hua
e. : Chinese rose
f. : rose ketmie
sp.: aurora
i. : ibisco rosa

Chinesischer Roseneibisch

(*Hibiscus rosa-sinensis* L.)
Pinyin: fu sang hua
e. : shoe flower
f. : rose de Chine

Roseneibisch

(*Hibiscus syriacus* L.)
Pinyin: mu jin pi
e. : rose of Sharon
f. : Kétmie de Syrie

Malvaceae

Hibiscus rosa-sinensis

Vorkommen:
Die Hibiskus-Gattung ist mit rund 300 Arten in warm-gemäßigten bis tropischen Gebieten verbreitet. In China beheimatet sind *Hibiscus mutabilis* L., *H. rosa-sinensis* L., *H. syriacus* L., als Ziersträucher beliebt.

Botanische Merkmale:
Sträucher; Blatt länglich-oval, unregelmäßig gezähnt; Außenkelch, Blüte sehr groß, weiß/rot/lila; 8–9; Frucht mehrsamige Kapsel.

Geschichte/Kultur/Symbolik:
Seit vielen Jahrhunderten werden Hibiskus-Sträucher in chinesischen Gärten gehegt und gepflegt, obgleich sie früher beliebter gewesen sein sollen als heutzutage. Wie schwierig es sein kann, dem Pflanzenkind einen Namen zu geben, zeigen die oben erwähnten Synonyme. Aber alle Botaniker waren sich einig, daß Hibiskus eine typische Gattung der Malvenfamilie ist. *Hibiscus mutabilis* L., die sogenannte Baumwollrose, war die bevorzugte Pflanze der Bewohner der Stadt Cheng-du, die man jetzt noch ‹Hibiscus-Stadt› oder ‹Seidene Rosenstadt› nennt: Die hohe Stadtmauer wurde jeweils zur Blütezeit von den weithin leuchtenden rotweißen Blüten eingehüllt. Die zweite recht verbreitete Art trägt den Namen *Hibiscus syriacus L.*, Roseneibisch, englisch ‹Rose of Sha-

ron›. Aber, wie so oft, ist auch hier die geographische Bezeichnung ‹syriacus› irreführend: Dieser Hibiskus wuchs und wächst spontan nur in China.
Seinerzeit hat die in vielen Farben blühende Stockrose die Gärtner angeregt, verschiedene Sorten zu züchten; dasselbe wurde auch mit Hibiskus gemacht. Heutzutage sind seit langem weiße, purpurrote, gelbliche, sogar bläuliche, solche mit einfachen oder gefüllten Blüten im Handel erhältlich. *Hibiscus rosa-sinensis* hat von Linné auch in geographischer Hinsicht den richtigen Namen erhalten, hingegen spricht man im deutschen Sprachraum meistens nur von Roseneibisch und verschweigt die chinesische Herkunft. In Europa wird diese Art gerne als Zimmerpflanze gezogen, da sie nicht winterhart ist. In ihrer Heimat dient sie oft als Heckenpflanze. In der chinesischen Materia Medica sind alle drei Arten vertreten.

Heilwirkung:
Blätter und Blüten wirken entzündungswidrig, hustenreizstillend, diejenigen von *H. rosa-sinensis* werden zu einer Paste verarbeitet und bei Furunkeln und Geschwüren aufgelegt.

Lit.: 27, 68, 93, 141, *147*, 156, 180

Hydrangea macrophylla

八仙花

Großblättrige Hortensie

(Hydrangea macrophylla [Thunb.] Ser. = *H. macrophylla* var. *normalis* Wils., *H. Maritima* Haw.-Booth = *H. mariesii* [Bean] Wils. = *H. veitchii* ssp. *serrata* [Thunb.] Mak.*)*

Pinyin: ba xian hua
e. : sugar-leaf hydrangea
f. : hortensia
sp.: hortensie
i. : ortensia

Hydrangeaceae od. *Saxifragaceae*

Vorkommen:
Mittel- und Südchina an schattigen, feuchten Lagen. Obgleich schon Wilson (s. auch Lancaster, Lit. 136) darauf hingewiesen hat, wie artenreich die Hydrangea-Gattung in China vertreten ist, findet man darüber keine Angaben, weder bei Zander (Lit. 282) noch bei Mabberly (Lit. 154).

Botanische Merkmale:
Strauch; Blätter gegenständig, gezähnt; Blütenstand schneeballartige Doldenrispen; Randblüten groß, steril, Zentralblüten kleiner, zwittrig, weiß, rötlich, blau, später vergrünend; 6–7.

Geschichte/Kultur/Symbolik:
Seit altersher ist der ‹Acht-Göttinnen›-Strauch als Zierpflanze in China sehr beliebt. Vor allem wird er an Teichen oder unter immergrünen Bäumen gepflanzt. Sogar als Zimmerpflanze wird er gern gehalten, «weil die Hortensie die Wohnräume freundlich aufhellt». 1790 kamen die ersten Hortensien

nach England. Sehr bald entdeckte man das charakteristische Phänomen des Farbwechsels bei den Blüten. Selbstverständlich wurde experimentiert, um diese Farbnuancen zu intensivieren. Seit 1821 weiß man, daß Alaun den Wechsel von Rosa zu Blau bewirkt. Nach neueren Erkenntnissen ist es eine aluminiumhaltige Lösung des Bodens, die diesen Farbwechsel verursacht (Lit. 147). Weitere chinesische Hortensienarten sind im Laufe der Zeit eingeführt worden, u. a. *Hydrangea heteromalla*, *Hydrangea aspera* var. *sargentiana*, die letztere wurde von Wilson aus der Provinz Hubei mitgebracht.

Heilwirkung:
Die Blätter der Großblättrigen Hortensie dienen als hustenreizstillendes Mittel; zudem benützt man sie, um Kräutertee zu süßen, insbesondere für Diabetiker.

Lit.: 12, 23, *51*, 67, 93, 136, *147*, 156, *265*, 272

迎春花

Jasmin

(Jasminum L.*)*

Pinyin: yeh-hsi-ming
e. : jasmine
f. : jasmin
sp.: jazmin
i. : gelsomina
ar.: yasmin

Oleaceae

Vorkommen:
Die Jasmin-Gattung umfaßt ca. 300 Arten, die in gemäßigten, subtropischen bis tropischen Gebieten vorkommen (Afrika, Südeuropa, Mittlerer Osten, Asien, Australien). *Jasminum officinale* (Iran bis Kaschmir, China), *J. sambac* (vermutlicher Ursprung Indien, Ceylon) werden seit dem Altertum in Persien, Indien und China kultiviert.

Botanische Merkmale:
Sträucher oder Lianen; Blätter einfach oder gefiedert, mit duftenden Blüten, weiß, gelb oder rosa; Beerenfrucht.

Geschichte/Kultur/Symbolik:
Von den Jasmin-Arten, die über die ganze Erde verteilt sind, kommen viele in China vor; heutzutage nimmt man an, daß das Entwicklungszentrum dieser Gattung sich in gebirgigen Gegenden von West-China befindet (Lit. 147). In der frühesten botanischen Abhandlung aus dem 3. Jahrhundert v. Chr., ‹Nan Fang Ts'ao Mu Chuang›, was soviel bedeutet wie ‹Verzeichnis der Pflanzen, die in südlichen Regionen vorkommen›, von Chi Han verfaßt, wird festgehalten, daß ‹mo li› und ‹yeh-hsi-ming› seinerzeit aus westlichen Ländern eingeführt worden sind und seitdem in China kultiviert werden. Es ist verbürgt, daß die Kontakte über die Seidenstraßen und zur See zwischen China und den angrenzenden Ländern sehr lebhaft waren und ein reger Handelsaustausch stattgefunden hat. Heute nimmt man an, daß die

Jasminum nudiflorum

Art ‹mo-li›, *Jasminum sambac*, in China nicht wildwachsend vorkommt; dasselbe gilt für den Gebräuchlichen Jasmin, *J. officinale;* der chinesische Volksname ‹Yehhsi-ming› deutet darauf hin, daß die arabische Bezeichnung ‹Yasamin› = ‹wohlriechendes Öl› (Lit. 137) lautlich übernommen worden ist, was auch im Englischen, Französischen, Deutschen der Fall ist. Manche alten Texte zeugen davon, wie wichtig Jasmin als Duft- und Öllieferant in China seit Jahrtausenden gewesen ist.
Die beiden Jasminarten werden heutzutage immer noch angebaut zur Gewinnung des wohlriechenden Öles aus den Blüten, insbesondere in China, Südfrankreich, Italien, Indien, der UdSSR, Marokko, Algerien, Ägypten und auf den Komoren. Als Arzneipflanzen sind sie wichtig in China, Iran und Indien, zum Aromatisieren des Tees in ganz Südostasien.
Als Zierpflanze wurde im Laufe der Zeit die folgende Jasminart in die westlichen Gärten eingeführt.

Winter-Jasmin

(Jasminum nudiflorum Lindl. = *J. sieboldianum* Blume*)*

Pinyin: ying ch'un
e. : winter-jasmine

Vorkommen:
Nord- und West-China

Botanische Merkmale:
Strauch; Zweige eckig, dünn, lang, oft überhängend; Blätter gegenständig, klein, dreiteilig, zugespitzt; blüht vor Blattaustrieb; 1–2; Blüten gelb, einzeln, ohne Duft.

Geschichte/Kultur/Symbolik:
Nur die beiden vor vielen Jahrhunderten in China kultivierten Jasminarten *J. officinale* und *J. sambac* haben Dichter und Maler in Wort und Bild festgehalten. Für chinesische Augen waren die vielen einheimischen Arten offensichtlich nicht reizvoll genug. Ganz anders sahen sie europäische Reisende, Missionare, Botaniker. Es gibt keinen, der achtlos an diesen Frühblühern vorübergegangen wäre, sei es Père David, Augustine Henry, George Forrest, Bunge, Wilson, Handel-Mazzetti u. a. Robert Fortune war es, der den *Winter-Jasmin* 1845 nach Europa gebracht hat. Er war überzeugt, daß dieser zierliche Strauch bald viele Freunde gewinnen würde. Er notierte: «Die Blütenknospen entfalten sich schon früh im Jahr, oft schon, wenn noch Schnee am Boden liegt; die gelben Blüten sehen Primeln sehr ähnlich. Diese Art läßt sich durch Ausläufer oder Stecklinge leicht vermehren.» Später, 1904, hat Wilson die rotblühende, Nachbarsträucher überkletternde Art *Jasminum beesianum* in Sichuan entdeckt; sie kommt außerdem im Norden von Yünnan vor. Besonders reizvoll sind im Herbst die schwarzen Beerenfrüchte. Einer der ersten Sträucher, die Wilson für die Gärtnerei Veitch gesammelt hat, war *Jasminum primulinum (= J. mesnyi);* er sieht dem Winter-Jasmin sehr ähnlich, doch bildet er oft gefüllte Blüten. Im Gegensatz zu *J. beesianum* tragen beide Sträucher in Kultur nie Früchte.

Lit.: 23–26, *27*, *65–68*, *77*, *93*, 120, 123, 136, *137*, 141, *147*, *154*, *156*, 240, 252, *261–268*

红旱莲

Chinesisches Johanniskraut

(Hypericum monogynum L. = *H. chinense* [L.] Hook.*)*

Pinyin: ssu t'ao
e. : Chinese St. John's wort
f. : toute-saine

Guttiferae

Vorkommen:
Westchina, insbesondere West-Hubei, Yangtse-Schluchten; an grasigen Steilhängen.

Botanische Merkmale:
Niedriger Strauch; Blätter kreuzweise gegenständig, breit-lanzettlich, immergrün; Blüten (5–9) groß, gelb, mit 1–5 Griffeln; Beerenfrucht.

Geschichte/Kultur/Symbolik:
Die Gattung *Hypericum* ist in gemäßigten Zonen mit etwa 400 Arten vertreten, davon kommen über 40 in China vor. Das Chinesische Johanniskraut wurde schon 1753 vom Herzog von Northumberland nach England gebracht, wo diese Art in seinem Garten in Stanwick aus Samen gezogen worden ist. Sein Gärtner Miller freute sich besonders an der langen Blühdauer, die bis tief in den Spätherbst reicht; er notierte, daß diese Zwergsträucher sogar im Winter Blüten treiben, wenn man sie an einen sehr geschützten Ort bringt.
Aus dem Jahre 1989 stammt der jüngste Bericht von Roy Lancaster (Lit. 136): «Unter den verschiedenen Sträuchern sind die *Hypericum* am besten vertreten. An Steilhängen und auf grasigen Felsbändern

kamen die beiden Arten *H. lancasteri* und *H. curvisepalum* vor. Insbesondere gefielen mir die Jungpflanzen des letztgenannten, wegen ihrer kupferrot getönten Blätter, die mir unvergeßlich sind; diese Art zählt für mich zu den attraktivsten Pflanzen, die ich während meiner China-Expedition gesehen habe. Zwischen Felsblöcken hat sich eine dritte Art angesiedelt, *H. forrestii*, ein schöner Strauch, der bis zu 1½ m hoch werden kann; er hat ziemlich breite Blätter, und die tellerförmigen Blüten sind vergleichsweise groß, bis zu 6 cm im Durchmesser, leuchtend goldgelb, mit vielen kurzen Staubblättern. George Forrest hat diese Art 1906 in unsere Gärten gebracht, die ich allen andern vorziehe. Vom Britischen Museum (naturwissenschaftliche Abteilung) hatte ich den Auftrag, besonders auf Hypericum-Arten zu achten, sehr zur Erheiterung unserer chinesischen Begleiter. Schließlich – und das war unvermeidlich – wurde mein Interesse zum ‹Scherzartikel› von Professor Feng. Beim Bergansteigen mußten wir viele Gräben und Schrunden überqueren, die sich während des nächtlichen Regens mit Wasser gefüllt hatten. Plötzlich rief Feng mir zu: ‹Eine neue Hypericum-Art!›. Voller Eifer folgte ich seinem ausgestreckten Zeigefinger und sah ein *H. forrestii*-Exemplar, das aus dem Wasser hervorragte. ‹New species›, wiederholte er, ‹*Hypericum aquaticum!*›.»

Außer den schon genannten Johanniskrautarten notiert Lancaster die folgenden: *H. acmosepalum*, *H. ascyron*, *H. beanii*, *H. bellum* ssp. *latisepalum*, *H. henryi*, *H. vagarocladum*, *H. lancasteri*, *H. longystylum*, *H. maclarenii*, *H. patulum*, *H. pseudohenryi* und *H. subsessile*.

Geschichtlich hat Hypericum in China keine Bedeutung, auch in der Heilkunde spielt diese Pflanzengattung keine Rolle. In westlichen Ländern wurden Gartenformen insbesondere aus *H. calycinum*, *H. androsaemum*, *H. forrestii* gezüchtet.

Lit.: 43, *136*, 156, *261–268*

Hypericum monogynum (chinense)

Das Chinesische Johanniskraut, ein kleiner, niedriger Strauch mit kräftiggrünen Blättern, wächst spontan im Yangste-Tal und im Südosten Chinas und bevorzugt feuchte Standorte an Steilhängen und Grasbändern.

山茶花

Kamelie

(Camellia japonica L. = *C. tsubakki* Crantz = *C. florida* Salisb. = *C. mutabilis* Paxton = *C. kaempferi* Reboul = *C. planipetala* = *C. hozanensis* Hayata = *C. nakaii* Hayata = *C. rusticana* Honda = *Kemelia japonica* [L.] Raf. = *Thea camellia* Hoffmanns. = *Th. japonica* [L.] Baill. = *Th. hozanensis Hayata).*

Pinyin: shan cha hua
e.: Common camellia
f.: camélia
sp./it.: camelia

Theaceae

Vorkommen:
Bergland West- und Südwestchinas; Japan, Korea, Formosa

Botanische Merkmale:
Strauch oder Baum; Borke schwärzlich; Blätter immergrün, lederig, länglich-oval, spitz zulaufend, gezähnt, Oberseite glänzend. Blütenknospen treiben im vorangehenden Herbst; fünfzählige Blüten, oft ‹gefüllte› Formen, rot, bis zu 10 cm im Durchmesser; 2–3.

Geschichte/Kultur/Symbolik:
Kamelien heißen auf chinesisch ‹Teeblumen› oder ‹Bergtee›, was darauf hinweist, wie eng die schöne Verwandte mit dem Schwarztee verbunden ist. Die Teefamilie wurde früher in zwei Gattungen aufgeteilt, *Thea* und *Camellia;* heute hat man sie in eine einzige Gattung zusammengefaßt. *Camellia japonica*, die wohl attraktivste Art, wächst wild in China, insbesondere in Yünnan, wird aber seit Jahrhunderten im ganzen Land als Garten- und Topfpflanze gehegt und gepflegt. Kaufleute der Ostindischen Kompagnie brachten sie im 17. Jahrhundert nach England. Aber es dauerte über hundert Jahre, bis die «atemraubende Schönheit» vom Publikum gebührend bewundert wurde. Die Kamelie wurde erst Mitte des letzten Jahrhunderts gefeiert, und Liebhaber waren bereit, große Geldsummen für eine besonders schöne Pflanze zu bezahlen. Doch schon um die Jahrhundertwende wurde sie von den robusteren und auffälligeren Rhododendren verdrängt. Erst in den letzten zwanzig Jahren interessierten sich westliche Gärtner und Gartenfreunde wieder für die Ka-

Camellia japonica

Camellia reticulata

melie, die von chinesischen Malern und Dichtern seit vielen Jahrhunderten immer wieder gemalt oder besungen worden ist. Die Augen der Poeten attestieren ihr «jugendliches Aussehen auch mit 300 Jahren», bewundern «das Nacheinander-Sich-Entfalten der Blüten», «die intensive Farbe, die auch in der Blumenvase sich nicht verändert», und last not least ihre «strahlende Schönheit ohne Koketterie»! Noch reizvoller soll die *Camellia reticulata* sein, die im nordwestlichen Yünnan wild wächst, mit rosenroten, sehr großen Blüten, im Durchmesser 10–12 cm. Lancaster (Lit. 136) notiert in dieser Provinz außerdem die *Camellia saluensis*, *Camellia pitardii* var. *yunnanica*, und Li glaubt, daß diese Wildarten dazu beitragen werden, durch Kreuzung bessere Gartenformen zu züchten. *Camellia oleifera* liefert seit altersher Speiseöl, das aus den Samen gewonnen wird.

Heilwirkung:
In der Medizin bereitet man aus den Blättern ein wirksames Insektizid.

Lit.: 12, 27, 41, 51, 65, 66, 82, 93, 113, 120, 128, *136*, 141, *147*, 167 a, *220*, 254, 256, 272, 281, *282*

Kerria japonica

棣棠花

Kerrie, Goldröschen

(Kerria japonica [L.] DC*)*

Pinyin: ti tang
e. : kerria
f. : kerria
i. : kerria

Rosaceae

Vorkommen:
In Laubwäldern und Gebüschen Zentral- und Südwest-Chinas.

Botanische Merkmale:
Strauch; Blatt länglich-oval, doppelt gesägt, kurz gestielt; Blüte einfach (bei Ziersträuchern meist gefüllt), leuchtend gelb; 4–5.

Geschichte/Kultur/Symbolik:
Dieses Rosengewächs ist die einzige Art dieser Gattung und kommt spontan im mittleren China vor. Zum geographischen Zusatz ‹japonica› des Artnamens bemerkt Wilson: «Es ist höchst interessant festzustellen, daß mehrere Pflanzen, die in West-Hubei wild vorkommen, mit ‹japonica› benannt wurden, obgleich sie doch in China heimisch sind.» Der in China und in westlichen Ländern beliebte Goldröschenstrauch gehört dazu. Im Laufe der Jahre wurden viele Sorten herausgezüchtet. De Candolle benannte diese neue Gattung nach ihrem Entdecker, dem englischen Gärtner William Kerr, der sie 1804 nach England brachte und in Kew Gardens kultivierte. Die Kerrie blüht im Frühjahr; ihre rosenähnlichen, goldgelben Blüten leuchten schon von weitem; sie ist nicht so oft in unsern Gärten anzutreffen wie die Forsythie, die ebenfalls in China beheimatet ist (s. S. 84). Weder in der Poesie noch in der Heilkunde hat die Kerrie eine Bedeutung.

Lit.: 28, 41, 68, 74, 136, *147*

乌梅

Winterkirsche, Mei-Pflaume oder Japanische Aprikose

(Prunus mume Sieb. et Zucc. = *P. mume var. typica* Maxim. = *Armeniaca mume* [Sieb. et Zucc.] Carr.*)*

Pinyin: mei hua
e. : Japanese apricot
f. : cerisier du Japon

Rosaceae

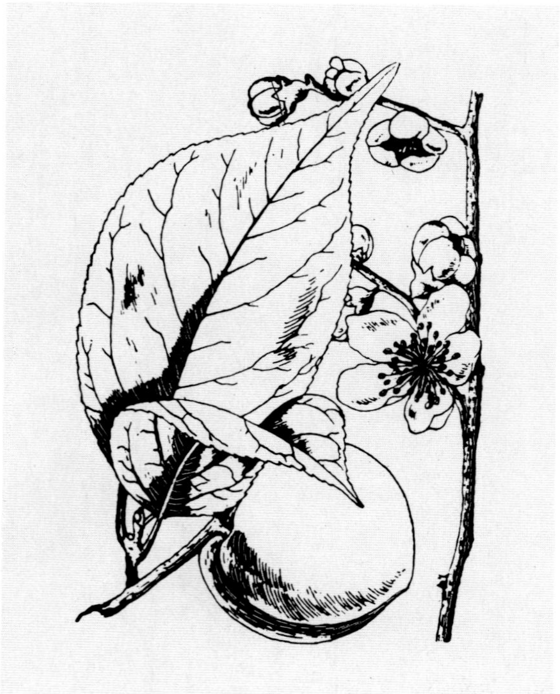

Prunus mume

Vorkommen:
Ursprünglich in den Bergtälern der Provinz Shensi, Sichuan und im westlichen Teil von Hubei; kurz nach Beginn unserer Zeitrechnung nach Japan eingeführt, dort als ‹Ume› verehrt.

Botanische Merkmale:
Baum bis zu 10 m, im Alter runde Krone; Stamm von Braunviolett zu Schwarzbraun wechselnd; Blätter rundlich; vor Blattaustrieb blühend; Blüten einzeln sitzend, meist reinweiß, blaßrosa bis lebhaft rot; 2–3 [3–4]; kleine, gelbe Steinfrucht, leicht bitter.

Geschichte/Kultur/Symbolik:

Schatten sieht man da und dort
auf dem stillen ruhigen Wasser.
Wenn's dämmert und der Mond steigt,
welch köstlicher Wohlgeruch.

Diese dem blühenden ‹mei›-Baum gewidmeten Verse von Lin Ho-ching (967–1028 n. Chr.) sind ebenso berühmt wie die Tuschemalereien von Sung Hsüe aus dem Jahre 1238, die in acht Folgen seine verschiedenen Blütenstadien abbilden. Dieser Frühblüher ist seit Jahrtausenden beliebt als Zier- und Nutzbaum. Seine Lebenskraft, seine Schönheit werden bewundert. Wenn alle anderen Bäume noch kahl in den Himmel starren, dann öffnet er Abertausende reinweißer oder rosa Blüten und verbreitet die ersten sehnsuchterweckenden Frühlingsdüfte. Und je älter er wird, desto mehr schenkt man ihm verehrende Beachtung. Man kennt Exemplare, die über tausendjährig sind, die jeweils zur Blütezeit Zehntausende von Besuchern anziehen. Für alle Chinesen bedeuten die lieblichen Pflaumenblüten Glück, Frieden und Wohlstand. In keinem Haushalt fehlt eine Abbildung von ‹mei hua›; oft dient sie als Verzierung von Gebrauchsgegenständen wie Tassen und Tellern, Vasen, Möbeln usw. Ist kein Garten vorhanden, dann wird ‹mei› in Töpfen gehalten.

Und doch wurde dieser populärste Zierbaum ursprünglich wegen seiner Früchte kultiviert, die frisch nicht genießbar sind, aber getrocknet, gesalzen oder mariniert als Leckerbissen gelten. In Japan ist der ‹ume›-Kult am weitesten verbreitet. In westlichen Ländern werden viele verschiedene *Prunus*-Kreuzungen im Gartensortiment angeboten.

Heilwirkung:
In der traditionellen chinesischen Heilkunde werden Blätter, Blüten, Früchte und Wurzeln verwendet; jeder Pflanzenteil hat besondere Wirkstoffe, die gegen verschiedene Krankheiten (Fieber, Angina, Husten u. a.) angewendet werden.

Lit.: 12, 15, 27, *51*, 93, 137, *141*, *147*, *156*, 167 a, 240, 256, 265, 272, 273

威灵仙

Klematis, Waldrebe

(Clematis L. = *Atragene* L.)

Pinyin: wei
e. : clematis
f. : clématite
sp. : clemátide

Ranunculaceae

Vorkommen:
Die artenreiche, kosmopolitische Gattung *Clematis* ist in den gemäßigten Zonen weitverbreitet. In China zählt man über hundert Arten.

Botanische Merkmale:
Meist verholzende Liane; Blatt meist gefiedert; Blüten ohne Honigblätter, meist 4–5 Tepalen; sehr beliebte Zierpflanze; zahlreiche Neuzüchtungen.

Clematis macropetala

Clematis (Atragene) sibirica

Clematis integrifolia

Clematis ranunculoides

Clematis montana

Clematis aethusifolia

Geschichte/Kultur/Symbolik:
Obgleich in China auffällig viele und sehr attraktive Waldreben wildwachsend vorkommen, sind die in der westlichen Gartenwelt so beliebten Kletterer kaum in den chinesischen Gärten zu sehen, außer vielleicht *Clematis florida* mit fast immergrünen Blättern, den großen, hellgelblichen, grüngebänderten Blüten und den dunkelpurpurnen Staubfäden. Doch alle westlichen Pflanzenjäger ließen sich von diesen lieblichen Kletterern bezaubern (Lit. 26), so, um nur einige zu nennen, d'Incarville, Retzius, Staunton, F. J. Meyen, Kuznetsov, Bunge, Kirilov, H. F. Hance, Champion, Ch. Wilford, Tatarinov und selbstverständlich Robert Fortune (Lit. 67). Auch Augustine Henry, Père Delavay, E. H. Wilson (Lit. 265), Handel-Mazzetti (Lit. 92, 93) und Roy Lancaster (Lit. 136) gehören zu den Klematis-Liebhabern und vergessen nie, alle beobachteten Arten zu notieren oder zu sammeln.

Heilwirkung:
In der chinesischen Heilpflanzenkunde werden insbesondere *Clematis apiifolia* gegen Blähungen und *Clematis chinensis* gegen Arthritis und Rückenschmerzen verwendet.

Lit.: *23–25*, 26–28, 30, 41, 51, 65, 66, *67*, 68, 74, *92*, *93*, 129, *136*, *147*, 179, 216, 220, *265*, 273

凌霄花

Chinesische Klettertrompete

(*Campsis grandiflora* [Thunb.] K. Schum. = *C. adrepens* Lour. = *Bignonia grandiflora* Thunb. = *B. chinensis* Lam. = *Incarvillea grandiflora* Poir. = *Tecoma grandiflora* Loisel.)

Pinyin: ling xioa hua
e. : Chinese trumpet creeper
f. : bignone chinois

Bignoniaceae

Vorkommen:
Nord- und Nordwestchina.

Botanische Merkmale:
Kletterpflanze bis zu 10 m mit Haftwurzelchen; Blätter gegenständig, paarig gefiedert, Fiederchen länglich-oval; 5–9; gesägt, kahl, 7–8 cm lang; Blütenstand rispig, Blüten rot bis zinnober, großglockig, weit; Frucht langgestielte Kapsel, gekrümmt, bis zu 20 cm; Same abgeflacht, geflügelt; 7–8.

Geschichte/Kultur/Symbolik:
Die großblütige Chinesische Klettertrompete, die ‹Dem Himmel sich nähernde Blume›, gehört in die gleiche Pflanzenfamilie wie *Catalpa*, die nahe verwandt ist mit den Braunwurzgewächsen. *Campsis grandiflora* wird in den frühesten Schriften als Heilpflanze erwähnt. Wegen ihrer erstaunlichen Kletterfähigkeit wird sie seit altersher dafür genutzt, Mauern, Hecken, künstliche Felsen, Aufschüttungen zu überwachsen. Nach kürzester Zeit haftet sie sich mit ihren eidechsenfußähnlichen Haftwurzelchen an jedem Material fest und

Bignonia grandiflora var.?

verwandelt ein eben erst erstelltes, der Sommerhitze ausgesetztes Gartenhaus in ein vollklimatisiertes ‹Lustschlößchen›, da die Campsis-Überdachung angenehm kühlend auf die Innentemperatur einwirkt. In westlichen Gartenanlagen wird hauptsächlich die Amerikanische Klettertrompete, *C. radicans*, angepflanzt.

Wirkstoffe:
Blüten (Nektar): Dextrose, Sucrose; Samen: 23 % Eiweiß, bis zu 28 % Fette.

Heilwirkung:
Menstruationsfördernd (Blüten), appetitanregend, fiebersenkend, reinigend, wundheilend.

Lit.: 27, *51*, 54, 74, 142, *147*, 167 a, 216

▼ *Campsis grandiflora*

地锦

Kletterwein, Jungfernrebe

(Parthenocissus tricuspidata [Sieb. & Zucc.] Planch.*)*

Pinyin: di jin
e. : Boston ivy
f. : vigne vierge

Vitaceae

Vorkommen:
Nordöstliches China, Japan, Korea.

Botanische Merkmale:
Rankender Kletterstrauch mit Haftscheiben; Blätter dreilappig oder dreizählig gefingert, saftig grün, lebhafte rot-gelb-grüne

Parthenocissus tricuspidata

Herbstfärbung; Blüten unscheinbar; 6–7; Beerenfrucht, blau.

Geschichte/Kultur/Heilwirkung:
Immer dann, wenn kahle Mauern zu beleben sind, geht man zum Gärtner, holt sich den Kletterwein, denn er kann auch die Ungeduldigsten befriedigen: so zuverlässig schnell im Klettern ist dieser Verwandte der Weinrebe, und im Herbst verwandelt er mit seinem leuchtendroten Blattwerk jede Betoneinöde.
Im nordöstlichen China wachsen mehrere *Parthenocissus*-Arten, die als Zierpflanzen in ihrer Heimat keine Bedeutung haben, hingegen als Heilpflanzen wichtig sind und gegen rheumatische Leiden angewendet werden.
Für die berühmte Gärtnerei Veitch in London ist *Parthenocissus tricuspidata* nach Europa gebracht worden. Dieser unproblematische Kletterer war von Anfang an ein ‹steady seller› und ist es bis in die heutigen Tage.

Lit.: *28*, 41, *51*, 57, 67, *136*

百合
山丹

Lilie

(Lilium L.*)*

Pinyin: po ho
e. : lily
f. : fleur de lis
sp.: flor de lis
i. : giglio

Liliaceae

Vorkommen:
In den Berggebieten von Südwest- und Mittelchina. Seit ältester Zeit in China angebaut wegen ihrer stärkereichen Knollen.

Botanische Merkmale:
Die Gattung besitzt eine mehrteilige Wurzelknolle (chinesisch ‹100 Stücke zusammen›); stengelständige Blätter quirlig oder wechelständig, schmal, lang; Blüte groß, trichterförmig, Petalen oft zurückgeschlagen, in den Farben Weiß, Gelb, Rot.

Geschichte/Kultur/Heilwirkung:
Bei über zwanzig verschiedenen wildwachsenden *Lilium*-Arten (nach Wilson hat fast jedes Bergtal im chinesisch-tibetischen Grenzgebiet seine eigene Lilienart resp. Varietät entwickelt) erstaunt es nicht, daß sozusagen alle botanisierenden Chinareisenden von diesem außergewöhnlichen Reichtum beeindruckt waren. Vier Hauptarten wurden ausgewählt und gesondert behandelt: *Lilium brownii*, *Lilium lancifolium (= L. tigrinum)*, *Lilium concolor* und *Lilium regale*.
Von Kaiser Xia Chan (um 1400

Lilium myriophyllum

n. Chr.) ist ein Kurzgedicht erhalten, das an den Lilien-Schönheiten preist, «wie die Blüten sich in der Morgenbrise wiegen und taufrisch glänzen». Wilson, der sich bei einer Exkursion ein Bein gebrochen hatte und dann lebenslang mit seinem ‹Liliengehumpel› einhergehen mußte, schrieb: «Zwischen harten Gräsern und niedrigem Gestrüpp, die im chinesisch-tibetischen Grenzgebiet vorherrschend sind, findet man verschiedene auffällige Stauden, die alle in irgendeiner Form knollige oder verdickte Wurzelstöcke haben. Für Gartenliebhaber sind diese Täler und Tälchen außerordentlich interessant, insbesondere weil sie die Heimat von so vielen wunderschönen Lilien sind. Jedes Tal hat seine eigene Art oder Varietät entwickelt; diese Endemiten kommen jeweils sehr zahlreich vor. Es gibt solche, die bis über 2700 m steigen. Gegen Ende der Sommermonate Juni und Juli ist es möglich, viele Tage lang durch einen natürlichen Wildgarten zu wandern, in dem diese Wunder der Blumenwelt dem Wanderer stets

Lilium sutchuense

Lilium brownii

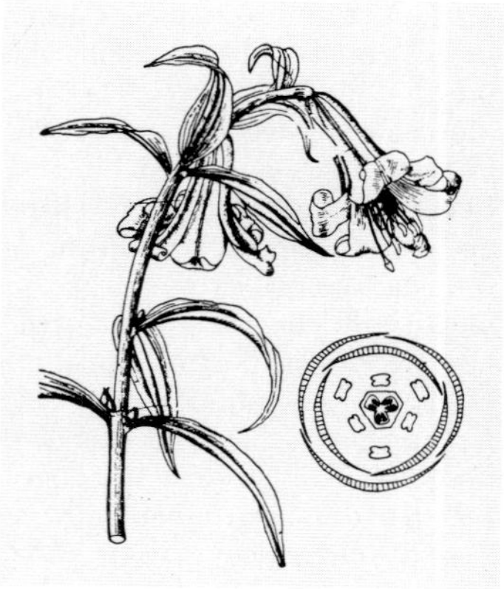

Lilium brownii

Allium tuberosum

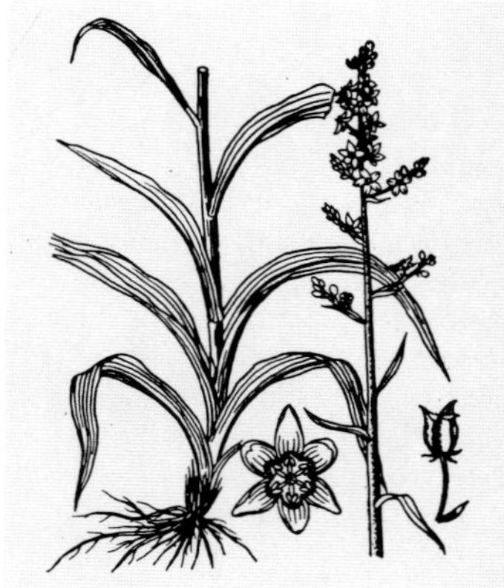

Veratrum schindleri

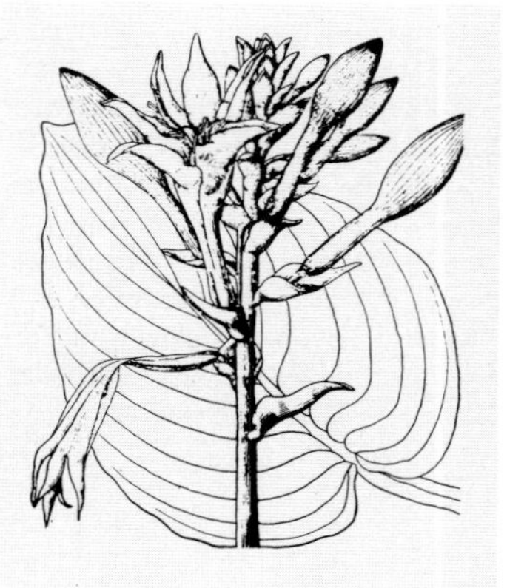

Hosta plantaginea var. *grandiflora*

Hyacinthus orientalis

Hemerocallis flava

entgegenleuchten. Im Min-Tal auf stark besonnten Felsbändern und steinigen Abhängen wuchert geradezu die so bezaubernde *Lilium regale*. Sie wird etwa 90–120 cm groß, hat viele schmale, stengelständige Blätter, meist mehrere trichterförmige Blüten, außen purpurrot, innen ein mit Kanariengelb übergossenes Elfenbeinweiß, das die purpurrote Außenseite durchscheinen läßt. Der Duft ist herrlich. Im Tung-Tal kommt Mrs. Sargent's Lilie, *L. sargentiae*, recht häufig vor; man sieht sie an felsigen Orten, unter niedrigem Gestrüpp. Sie ist größer als *Lilium regale*, hat breitere Blätter und Brutknöllchen in den Blattachseln. Ihre Blüten sind ebenso schön, ebenfalls trichterförmig, doch die Farbe ist anders: Außen kann sie von Grün zu Purpurrot wechselnde Farbschattierungen hervorbringen, das Blüteninnere ist entweder weiß oder gelb. Die Knollen dieser Art werden von den Einheimischen gesammelt, gekocht und an der Sonne getrocknet; nachher gehackt, gesalzen und in Öl gebacken, gegessen wie eingemachter Weißkohl. Ebenfalls als Nahrung dienen die Knollen von der *Tiger-Lilie* und von *Lilum thayerae*. Noch mehrere andere Lilienarten wachsen in diesen Tälern, aber es würde zu weit führen, sie alle aufzuzählen.»

«Nicht aus persönlichen Gründen, aber vermutlich weil ich ein «Lilien-Narr» bin, möchte ich meinen Lesern gärtnerische Erfahrung weitergeben: Alle Lilien lieben Komposterde, aber torfige Erde vertragen sie meistens nicht. Vorzuziehen ist ein Standort unter Zwergsträuchern (z. B. Lavendel. Rosen, Deutzien, auch Farne). Voraussetzung für gärtnerischen Erfolg: gesunde Knollen und die Erde alle paar Jahre erneuern. Gut Glück!»
E. H. Wilson

Lilium tigrinum

Die Tiger-Lilie, *Lilium lancifolium* Thunb. = *L. tigrinum* Ker-Gawl., wird noch heutzutage wegen ihrer stärkereichen Knollen als Gemüse angebaut. Frische Zwiebeln enthalten 18 % Stärke, 2,3 % Eiweiß, getrocknet sogar 62 % Stärke. Schon in vorchristlicher Zeit dienten die Knollen als Nahrungsmittel; heute wird diese Art insbesondere im Gebiet von Jinagsu angebaut. Aber auch in chinesischen Gärten ist die Tiger-Lilie als winterharte Zierpflanze beliebt, die bevorzugt unter Baumgruppen gepflanzt wird. Chinesisch nennt man sie ‹chüan tan›, was soviel heißt wie ‹die rote Aufgerollte›, also diejenige ‹mit den zurückgeschlagenen Petalen›.

Die weißblühende Moschus-Lilie, *Lilium brownii* F.E.Br., insbesondere die Varietät *‹colchesteri›*, gilt als wichtige chinesische Heilpflanze. Die Brutknöllchen, in Wein eingelegt, werden bei Verdauungsbeschwerden verwendet. Getrocknete Blüten, zerstoßen in Öl, sollen Brand- und Schnittwunden heilen, auch wird die Paste bei Hautreizungen aufgelegt. Die Knollen sollen beruhigend und stärkend wirken. Chinesisch heißt diese ‹she hsiang pai ho›, was soviel bedeutet wie ‹nach Moschus duftende Blume›, die von außerordentlicher Schönheit ist. Wild kommt sie besonders in Zentralchina vor. Die trompetenartigen Blüten sind wächsern, gelblichweiß und innen rot gepunktet. Man kennt sie ungefähr seit hundert Jahren. In englischen Gärten ist die Moschus-Lilie häufig anzutreffen.

Die Stern-Lilie, *Lilium concolor* Salisb., chinesisch ‹shan dan›, d. h. ‹die Rote vom Berg›, ist wahrscheinlich die erste chinesische Lilienart, die mit den Schiffen der Ostindischen Kompagnie nach England gebracht worden ist. Sie wird höchstens 60 cm hoch, wächst aufrecht, bildet viele purpurne Blüten aus, die sich himmelwärts öffnen; innen ist sie nicht gepunktet, ihr schwacher Duft ist angenehm.

Lit.: 12, 27, 51, 65, 66, *93*, *147*, 156, 167 a, *193*, 240, *265–267*

莲子

Lotosblume

(Nelumbo nucifera Gaertn. = *Nelumbium nelumbo* Druce. = *N. speciosa* Willd. = *Nymphaea nelumbo* L.*)*

Pinyin: lian zi / lien ho
e. : sacred or Indian lotus
f. : lotus sacré

*Nelumboaceae**

Vorkommen:
Gemäßigte und subtropische Gebiete der Alten Welt. Spontan auch in China; dort als Zier- und Nutzpflanze.

Botanische Merkmale:
Ausdauernde Wasserpflanze; schuppiges, dickes Rhizom; Blätter einfach, langgestielt, schildförmig, blaugrün, bis zu 50 cm im Durchmesser; Blüten langgestielt, einzeln, sich über die Blätter erhebend, groß, weiß oder rosa; Blüten und Staubblätter zahlreich; 6–8; Blütenboden ähnlich einer Gießkannenbrause, zahlreiche, freie, einsamige Karpelle in Vertiefungen eingesenkt; Frucht ein Nüßchen, eßbar.

Geschichte/Kultur/Symbolik:
Die Lotosblume war den alten Chinesen wohlbekannt und vertraut, lange bevor indische Mönche den Buddhismus in China verbreiteten. Viele alte Schriften zeugen von der großen Verehrung, die dieser Blume entgegengebracht worden ist. Im Volksmund hieß sie ‹ho›, was gleichbedeutend ist mit ‹Friede›. Die verschiedenen Pflanzenteile hatten besondere Namen und besondere Schriftzeichen: die Wurzel war ‹mi›, das Rhizom ‹Ou›, das Blatt ‹chia›, der Stiel ‹chieh›, die Blütenknospe ‹tan›, die Blume ‹fu ch'ü›, der fruchtende Blütenbecher ‹lien› und die Nüßchen ‹ti›, ja sogar der Inhalt des Nüßchens besaß eine eigene Bezeichnung, ‹i›. Dies beweist, daß *Nelumbo nucifera* seit undenklichen Zeiten dem chinesischen Volk vertraut gewesen ist. Der Konfuzius-Anhänger Chou Tun-i (1017–1073) schrieb eine Hymne auf die Lotosblume, die den ‹vollkommenen› Menschen symbolisiere: «Sie erhebe sich aus dem Dunkel, aus sumpfigem Boden, wachse dem Licht entgegen und entfalte reinste Blüten, die unbeschadet tiefste Finsternis überstanden hätten.» Chou Tun-i fährt fort: «Im Wasser und auf dem Land gibt es viele liebliche Blumen. Der eine liebt die Chrysantheme, der andere bewundert die Pfingstrose. Meine Lieblingsblume ist der Lotos. Er taucht auf aus sumpfiger Tiefe, verweilt prächtig geschmückt über dem Wasser; sein unverzweigter, aufrechter Stiel ist innen hohl und außen straff und fest. Sein feiner Duft erfüllt die Luft in der Nähe und Ferne. Von der Ferne nur darf man seine schöne Klarheit bewundern, denn mir scheint, daß zu vertrauliche Annäherungversuche diese Blume stören. Ach, niemand liebt die Lotosblume wie ich!»
Einzigartig ist der Lotos auch als Nutzpflanze, kann man doch jeden Teil verwenden: die Knollen können roh oder gekocht gegessen werden; roh schmecken sie knackig, sind saftig und süß. Gekocht sind sie stärkereich, leicht verdaulich; deshalb wird dieses Gericht besonders Kranken und Schwachen gereicht. Blätter, ob frisch oder getrocknet, werden als ‹Einwickelpapier› auf den Märkten verwendet!

Nelumbo nucifera

Als besonderer Leckerbissen wird den geladenen Gästen gedämpftes Fleisch in frischen Lotosblättern serviert, das deren äußerst angenehmen, frischen Duft angenommen hat und wirklich exquisit schmeckt; auch die kurzen, dicklichen Rhizome sind in der chinesischen Küche geschätzt. Lotosnüßchen werden in bestimmten Gegenden verarbeitet, das Yangtse-Tal ist berühmt dafür, und sie werden in ganz China zu hohen Preisen verkauft.
Nur in mehr oder weniger frostfreien Gebieten kann man *Lotos nuciferum* als Zierpflanze in künstlich angelegten Teichen bewundern, wie z. B. im Terrassenteich des Botanischen Gartens Zürich, hier überwintert er im Freien.

Heilwirkung:
Als Medizinalpflanze ist diese Lotosart in China sehr wichtig. Auch hier wird jeder Pflanzenteil für verschiedene Leiden verwendet.

*Systematisch eingeteilt in die Ordnung Nympheales, bilden die Lotosblumengewächse (Nelumboaceae) eine selbständige Familie, «die eine außerordentlich prominente Gruppe darstellen für Probleme der frühen Angiospermenevolution. Besonders interessant sind sie durch ihre Zwischenstellung zwischen Dikotylen und Monokotylen.» (Lit. 203; *Anm. d. Übers.*)

Lit.: 12, 27, *51*, 69, 123, *147*, 156, 167 a, 193, 203, 256, 277

Magnolia wilsonii.

辛夷
厚朴

Magnolie

(Magnolia L.*)*

Magnoliaceae

Vorkommen:
Etwas mehr als 125 Arten zählt die Gattung *Magnolia*, nach der die Familie benannt worden ist. Spontan kommen diese z. T. immergrünen Sträucher und Bäume im östlichen Nordamerika und in Ostasien vor. (Im Tertiär waren Magnolien in der ganzen Nordhemisphäre verbreitet, in Europa noch während der Kreidezeit.) Die auffälligen Blüten zieren im Frühjahr weltweit Parks und Gärten. Vor allem sind zwei chinesische Arten sehr beliebt, die vor Blattaustrieb ihre großen Blumentrichter entfalten: *Magnolia denudata* und *Magnolia liliiflora*. Außer diesen sehr bekannten ‹Chinesen› sind zu erwähnen: *Magnolia campellii* ssp. *mollicomata*, *M. delavayi*, *M. officinalis und M. wilsonii.* Letztere erwähnt Lancaster (Lit. 136) als bemerkenswerte Art mit nickenden Blüten.

Yülan- oder Chinesische Magnolie

(Magnolia denudata Desr. = *M. conspicua* Salisb. = *M. yulan* Desf. = *M. precia* Corr. ex Vent. = *M. heptapeta* [Buc'hoz] Dandy*)*

Pinyin: xin yi / yü lan
e.: yülan magnolia
f.: yulan magnolia

Vorkommen:
Spontan in Mittelchina in Laubhochwäldern. In China als Zierstrauch beliebt seit der Tang-Dynastie (618–906 n. Chr.).

Botanische Merkmale:
Strauch bis zu 15 m hoch; Blatt einfach, wechselständig; Blütenknospen im Herbst entwickelt, dichtfilzig; große, trichterförmige, aufrechte Blüten, weiß, orchideenähnlicher Duft, Kronblätter fleischig, eßbar; blühend vor Blattaustrieb; 3–4.

Geschichte/Kultur/Symbolik:
Wenn die ‹Yülan›-Magnolie (chinesisch: ‹Jade-Orchidee›) blüht, gilt sie als ‹die Schönste im ganzen Land›, übertrifft sie doch ihre Artgenossinnen an leuchtender Blütenpracht, was schon alte chinesische Schriften verzeichnen: «. . . steht man vor diesem schönen, runden Baum mit seinen noblen, etwas hochmütigen Blütenbechern, wird man nicht nur ganz still vor lauter Bewunderung. Merkwürdigerweise schleichen sich noch ganz andere Gefühle ein. Zur respektvollen Zuneigung mischen sich eine gewisse Melancholie, die überraschenderweise mit Neidgefühlen einhergeht. Gibt es einen anderen Baum, der dies auch vermag?» Es erstaunt nicht, daß diese Magnolienart auch heute noch in manchen chinesischen Gärten, in der Nähe von Tempeln zu finden ist. In Europa wurde sie 1789 eingeführt.
Die Yülan-Blüten, ein Symbol der Reinheit, werden seit Generationen immer wieder auf Seidenrollen, Porzellangefäßen und Stickereien abgebildet. Aber sie erfreuen nicht nur das Auge, sondern die etwas dicklichen Blütenblätter sind auch eßbar und gelten als Delikatesse. Die in Mehl getauchten Petalen werden in Öl schwimmend knusprig gebacken. Sofort verzehrt, duften sie noch und schmecken süßlich. (Anstelle von Magnolienblütenblättern verwendet man in der Schweiz auch Salbeiblätter und in Frankreich Blütenrispen der Falschen Akazie oder Robinie.)

Heilwirkung:
Yülan-Blütenknospen werden gesammelt und getrocknet; als Kompresse, vermischt mit Zwiebeln, lindern sie Kopfschmerzen und Atembeschwerden, ja es wird ihnen sogar nachgesagt, daß sie «dem Körper Leichtigkeit, den Augen Klarheit geben, das Leben verlängern und man zu guter letzt ein blühender alter Mensch werde»!

Magnolia delavayi

Rote oder Lilienblütige Magnolie

(Magnolia liliiflora Desf. = *M. discolor* Vent. = *M. purpurea* Curt. = *M. Obovata* Thunb. = *M. quinquepeta* [Buc'hoz] Dandy*)*

Pinyin: xin yi / mu lan
e. : red magnolia
f. : magnolia rouge

Vorkommen:
Spontan in Mittelchina, vor allem in den Bergen von Yünnan.

Botanische Merkmale:
Sommergrüner Strauch oder Baum, kleiner als *M. yulan;* schlank verzweigt; Blätter wechselständig, länglich-oval, hellgrün; Blüten (5–6) einzeln, lilienförmig, duftend, außen rot, innen weiß, bis zu 20 cm groß; Frucht braun, zapfenartig; zur Zeit der Reife werden rote Samen exponiert, die vermutlich von Vögeln verbreitet werden.

Geschichte/Kultur/Symbolik:
Auch diese Magnolienart wurde schon in alter Zeit in China als Garten- und Topfpflanze gehegt und gepflegt. Fortune hielt beeindruckt fest, wie geschickt es die Chinesen verstehen, den Blühprozeß ihrer Topfpflanzen zu beschleunigen: «In Shanghai besuchte ich im Januar einige Floristen. Meine Überraschung war groß, als ich sah, wie viele Pflanzen zum Blühen gebracht worden waren und nun zum Verkauf in den Schaufenstern zu sehen waren. In voller Blüte standen: *Magnolia purpurea*, *Prunus sinensis*, Pfirsiche, Kamelien. Aber was mich am allermeisten beeindruckte: Sogar mehrere Strauch-Päonien hatte man zu voller Blüte gebracht.»

Heilwirkung:
Rote Magnolien-Blütenknospen gelten als heilkräftig: Sie sollen beruhigend und fiebersenkend wirken, insbesondere sind sie erfahrungsgemäß ein gutes Mittel gegen Schnupfen.

Die Gebräuchliche Magnolie, *Magnolia officinalis* Rehd. & Wilson, ist weder von Wilson noch von Lancaster an Wildstandorten gefunden worden. Letzterer notiert: «Jahrhundertelang ist diese Magnolie wegen ihrer Borke und ihrer Blüten radikal für medizinische Zwecke abgeholzt worden; es ist durchaus möglich, daß sie wild nicht mehr vorkommt.» Sie wird in China auch heutzutage noch stark angebaut. Blüten, Borke und Wurzelrinde wirken antispasmodisch (Magen); Extrakte sind antibakteriell (Magnicurarin und Magniflorin). In westlichen Ländern hat sie weder als Zierstrauch noch als Medizinalpflanze Bedeutung.

Magnolia globosa

Metasequoia glyptostroboides

Die immergrüne *Magnolia delavayi* mit ihren im Sommer blühenden, schnell welkenden Blüten wächst wild in prächtigen Beständen in den Provinzen Sichuan, Hubei und Yünnan. In unsern Gärten wurde sie von der schöneren Amerikanerin *M. grandiflora* verdrängt. Beliebt ist hingegen die rot oder weiß blühende *Magnolia campellii* ssp. *mollicomata,* die seinerzeit von dem Pflanzenjäger George Forrest aus Yünnan heimgebracht worden ist. Und Wilson zu Ehren sei noch eine weißblühende, nickende Magnolienart erwähnt *Magnolia wilsonii (= M. taliensis),* die in Sichuan und Yünnan vorkommt.

Lit.: 6, 12, 27, *51*, 65–67, *80*, *93*, 136, *147*, 167 a, *265–267*, 272, *273*

水杉

Metasequoia, Wasserfichte

(Metasequoia glyptostroboides Hu & Cheng = *M. disticha* [Heer] Miki = *Sequoia glyptostroboides* [Hu et Chen] Weide*)*

Pinyin: shui-hsa
e. : dawn red wood

Taxodiaceae

Vorkommen:
Nordost-Sichuan, Südwest-Hubei, Nordwest-Honan.

Botanische Merkmale:
Schmal kegelförmiger Baum bis 25 m hoch; Rinde zuerst hell, orangebraun, später rotbraun; offene Verzweigung, locker; Nadeln zweizeilig, weich, flach, frischgrün im Frühjahr, im Herbst rötlichgelb, abfallend; männliche Blüten klein,

eiförmig, zu 2–5; Zapfen grün, walzenförmig. In China häufig angepflanzt; im Westen beliebter Parkbaum.

Geschichte/Kultur/Symbolik:
Die *Metasequoia glyptostroboides* wurde erst vor rund fünfzig Jahren (im Jahr 1941) von dem chinesischen Botaniker Kan im Grenzgebiet von Sichuan und Hubei entdeckt, genau im Dorf Mo tao chi. Verschiedene Forschungsreisen von chinesischen und amerikanischen Botanikern führten zu erstaunlichen Ergebnissen: Dieser Baum gehört zu den ältesten noch lebenden Baumarten. Man bezeichnet ihn wie Ginkgo als ‹lebendes Fossil› (Erstbeschreibung der Gattung auf Grund fossiler Reste im Jahr 1828 von A. T. Brogniart als *Taxites*). Große Bestände wurden in den artenreichen Mischwäldern im Shuihsa-Tal gefunden. 1947 wurde gesammeltes Saatengut durch das Arnold Arboretum, Harvard University, Cambridge, Massachusetts, an zahlreiche Botanische Gärten in aller Welt verschickt.
Die ‹Wasserlärche›, auch ‹Wassertanne› oder -‹fichte›, oft auch ‹Urwelt-Mammutbaum› oder ‹Chinesisches Rotholz› genannt, hat in kurzer Zeit weltweit einen Platz in den Parkanlagen erobert. Dieser anspruchslose, frostharte und raschwüchsige Baum kleidet sich im Frühjahr in ein frisches Hellgrün, im Herbst zeigt er eine charakteristische rosenfarbene Gelbfärbung. In seiner Heimat ist Metasequoia zum typischen Landschaftsschutzbaum geworden. Zu Tausenden mehrreihig angepflanzt, wächst er an Flüssen und Kanälen und ist ein fast ständiger Begleiter von Bahngleisen.

Lit.: *6*, 54, 74, *120*, *125*, 156, *283*

瞿麦

Nelke

(Dianthus L. = *Caryophyllus* Mill. = *Pleonanthus* Ehrh. = *Plumaria* Opiz = *Cylinchnanthus* Dul. = *Diosanthos* St. L.*)*

Pinyin: Ch'ü mai
e. : pink
f. : œillet
sp.: clavel
i. : garofano

Caryophyllaceae

Vorkommen:
Die eurasiatische Gattung *Dianthus* umfaßt rund 350 Arten. Die sogenannten Gartennelken wurden insbesondere aus der mediterranen Art *Dianthus caryophyllus* und der Art *Dianthus chinensis* gezüchtet, die in Ostchina beheimatet ist.

Botanische Merkmale:
(Gartennelke)
Ein- oder mehrjährige Stauden; Stengel meist knotig; Blätter meist schmal-lanzettlich; Blüten gebüschelt oder in Köpfchen zu 2–3, oft einzeln, weiß/rot/rosa, Hochblätter, 20–70 cm; 4–5; [6–8].

Dianthus lacinatus

Geschichte/Kultur:
H.L. Li (Lit. 147) schrieb über die Zuchtnelken: «Viele Arten aus der Gattung *Dianthus* haben zu den heutigen Garten-Nelkenformen beigetragen. In China wurden mehrere seit urdenklicher Zeit kultiviert. Die Art *Dianthus chinensis* hat am häufigsten als Zierpflanze gedient. Der Volksname ‹Shih Chu›, d. h. ‹Stein-Bambus›, charakterisiert die Nelke besonders gut: der knotige Stengel, die eleganten, schmalen Blätter erinnern an Bambus. Spontan wächst diese Art immer noch in vielen Gegenden Chinas. Die Bart-Nelke, *Dianthus barbatus*, chinesisch ‹ch'ü mai›, englisch ‹Sweet William› oder ‹large pink›, kommt ebenfalls noch an ursprünglichen Standorten in China vor. Das Verbreitungsgebiet der Bart-Nelke erstreckt sich von den Pyrenäen bis zu den Ost-Karpaten, zum Balkan, von Südwest-Rußland bis Sibirien und in die Mandschurei. Es ist ungesichert, ob es sich genetisch jeweils um dieselben Arten handelt.»

Paulownia fortunei var. lilacina

Dianthus chinensis

Nelken gehören zu den Aristokraten im Königreich der Blumen. Überall sind sie beliebt, nicht nur wegen ihrer Schönheit, sondern weil sie zudem noch anspruchslos sind, den ganzen Sommer durch blühen und mit den verschiedensten Farben und Formen entzücken. In diesen Garten-Nelken erkennt man folgendes chinesisches Abstammungsmerkmal: Die lange Blühdauer ist das Erbgut von *Dianthus chinensis*, ein großartiges Zuchtergebnis moderner Gärtnerkunst.

Lit.: 24–26, 28, 55, 123, *147*, 167 a, 214, 220

桐皮

Paulownie

(*Paulownia fortunei* Hemsl. = *Campsis fortunei* Seem.)

Pinyin: tung pi
e. : princess tree
f. : paulownia de Chine

Scrophulariaceae

Vorkommen:
Nord- und Mittelchina. Seit ältester Zeit angepflanzt.

Botanische Merkmale:
Stattlicher, schnellwachsender Baum; Blätter groß, einfach, breitoval; Blütenstand eine lange, aufrechte Rispe, bis zu 15 cm; Blüte fingerhutähnlich, weiß-rötlich mit gelbem Saftmal; 4–5.

Geschichte/Kultur/Symbolik:
Viele zählen die Paulownie zu den schönsten Zierbäumen. Er wird bereits in ältesten Texten erwähnt, und es ist verbürgt, daß dieser majestätische Baum schon im Alten China kultiviert worden ist. Die Paulownia gilt als der Baum, auf dem sich der Vogel Phoenix, Symbol der ewigen Wiedergeburt, niederläßt. Darum pflanzte man ihn häufig in Höfen an, in der Hoffnung, diesen glückbringenden Vogel anzulocken. Aus dem biegsamen Holz, das kein guter Wärmeleiter ist, wurden die alten Musikinstrumente angefertigt.
Der sogenannte ‹Blauglocken›- oder ‹Kaiserbaum›, *P. tomentosa*, kommt wild in Japan und Korea, aber spontan auch in China vor. Augustine Henry hat diese Paulownia-Art in den Bergen der Provinz Hubei gefunden. Die *Paulownia fortunei* wird heute noch oft angepflanzt. In der alten chinesischen Kosmologie gab es ‹fu-sang›, den ‹Hohlen Maulbeerbaum›, und sein Gegenstück ‹k'ung-tung›, den ‹Hohlen Paulownie-Baum›; beide wurden dargestellt als Baum und Berg, beide dienten den Sonnengöttern als Unterschlupf und den Herrschern als Behausung.

Heilwirkung:
Die traditionelle Veterinärmedizin verwendet Blätter und Blüten insbesondere gegen Hauterkrankungen bei Schweinen.

Lit.: 12, *28*, 51, *65*, *66*, 141, *147*, 167 a, 256

Paeonia lutea

牡丹皮
白芍药

Pfingstrose

(Paeonia L.*)*

Früher wurden die Pfingstrosen, ungefähr 40 Arten, die in Ostasien und Nordamerika vorkommen, den Ranunculaceen zugeordnet. Besondere Merkmale haben dazu geführt, daß man diese einzige Gattung als besondere Familie betrachtet: die Pfingstrosengewächse oder *Paeoniaceae.*

Strauchige Pfingstrose

(Paeonia suffruticosa Andr. = *P. moutan* Sims. = *P. arborea* Donn.*)*

Pinyin: mu dan pi
e. : tree peony
f. : pivoine
it./sp.: peonia

Vorkommen:
Nordwestchina; auch Tibet, Bhutan; in Bambushängen, auf Wiesen, im Unterholz, in China seit über tausend Jahren kultiviert.

Botanische Merkmale:
Strauch, stark verzweigt, bis 1 m hoch; Blätter wechselständig, doppelt gefiedert, Fiederchen unter

seits hell; Blüte einzeln, 10–30 cm im Durchmesser, rosa oder rot blühend, zahlreiche Staubblätter; 7–8 [5–6].

Geschichte/Kultur/Symbolik:
Die Moutan-Päonie oder Strauch-Päonie, ist unbestritten seit Jahrtausenden in China die Vornehmste, die Prächtigste, die Nationalschönheit mit himmlischem Parfüm! Sie bringt Glückseligkeit, Wohlergehen und Reichtum ins Haus, sie blüht und erfreut alle, ob «Kaiser, Bürger, Dichter oder Bettelmann». Die Stadt Luoyang rühmt sich seit altersher den schönsten Pfingstrosenmarkt, das farbigste Pfingstrosenfest zu besitzen. Zu dieser Zeit darf diese Königin der Blumen in keinem Hause fehlen. Im grünen Schatten des Päonienstrauches mit den roten Blüten wird gefeiert und getanzt. «Hat jemand gesagt, die Blüten seien so schön wie Brokat? Die Stickereien sind's, die die frischen Blumen nachahmen!», schrieb ein Dichter der Sung-Zeit.
Bis in die jüngste Gegenwart haben sich diese traditionellen Volksbräuche erhalten: Blumenmärkte, Blumenfeste, Blumentänze, alle gelten der einen Schönen, der vielgeliebten Pfingstrose. Immer wieder sind im Frühjahr alle von diesen prächtigen Blüten bezaubert, ja die Freude wird jeweils noch vertieft durch den feinen Duft, den sie verströmen. Die reiche Farbpalette, von Rot zu Weiß, zu Violett, zu Gelb, ja zu Schwärzlich und Grünlich überrascht jedesmal neu.
Die Päonienverehrung nahm ihren Anfang, als die Tang-Kaiser regierten (618–906 n. Chr.). Damals maß man die Dauer von Festen, Banketten und Tänzen nach der ‹Pfingstrosenzeit›, die zwanzig volle Tage dauerte: So lange braucht die Strauch-Päonie bis sie voll erblüht. Unter der Sung-Dynastie (961–1278 n. Chr.) erreichte die Verehrung für die ‹Königin der Blumen› ihren Höhepunkt. Vornehme Bürger der Stadt machten sich eine Ehre daraus, nach neuen Arten suchen zu lassen, neue Sorten zu züchten, schon bekannte zu verschönern und zu verbessern und sie mit wohlklingenden Namen zu bedenken: ‹Farbiges Banner der Welt und Duft des Himmels› oder ‹Tausend-Karat-Gold-Blume›, was auch tatsächlich bezahlt worden ist für besonders schöne Exemplare. Auf Porzellanschalen und Vasen sind diese großblütigen Blumen oft abgebildet. Sie symbolisieren den Sommer im Lauf der Jahreszeiten. Monographien wurden über ‹Die Blume› verfaßt, von denen einige erhalten sind. In Europa vermutete man, daß die auf Porzellan abgebildeten Pfingstrosen nicht das Abbild einer wildgewachsenen Blume sein könnten, sondern eher der ‹blühenden orientalischen Phantasie› entsprungen sein müßten!
Erst 1787 kam die erste Moutan-Pfingstrose nach England, wo sie unter großen Schwierigkeiten kultiviert worden ist. Dies war mit ein Grund, daß Robert Fortune 1842 von der ‹Horticultural Society of England› ins Reich der Mitte geschickt wurde, um dort verschiedene Moutan-Sorten zu erwerben. Dieser war sehr erstaunt, daß es seinen chinesischen Berufskollegen

Paeonia sessiliflora

Paeonia moutan

so leicht gelang, die Strauch-Päonie zu vermehren. Er beobachtete die chinesischen Methoden sehr genau und beschrieb diese ausführlich (Lit. 68, S. 322–331). Heutzutage sind in China über 300 Pfingstrosensorten bekannt.

Heilwirkung:
In der traditionellen Heilkunde wird hauptsächlich die Wurzel verwendet, insbesondere wirkt sie fiebersenkend, milchfördernd, beruhigend, wundheilend, entzündungswidrig.

Chinesische oder Weiße Pfingstrose

Paeonia lactiflora Pall. = *P. edulis* Salisb. = *P. albiflora* Pall. = *P. officinalis* Thunb.)

Pinyin: bai shao yao
e. : Chinese peony
f. : pivoine Chinoise

Vorkommen:
Süd-, Mittel- und Nord-China; auch Mandschurei, Korea, Ost-Sibirien; in Gebüschen, auf Wiesen; in China schon vor unserer Zeitrechnung kultiviert.

Botanische Merkmale:
Ausdauernde Staude bis 90 cm hoch; mehrere knollige Wurzeln; wechselständige, zusammengesetzte Blätter, gestielt; Blüten endständig, einzeln, groß, weiß oder rosa (5); Frucht schotenähnlich, mehrere Samen.

Geschichte/Kultur/Symbolik:
‹Shao yoa› heißt ‹bezaubernd schön›, und so nennen die Chinesen diese weißblühende Pfingstrose seit der Antike bis in die Gegenwart. Im ‹Buch der Lieder› erscheint diese Blume als Liebespfand, was bedeuten soll ‹Vergißmein-nicht›. So ist es verständlich, daß sie *das* Abschiedsgeschenk unter Liebenden war und noch ist. Zur Zeit der Sung-Dynastie (961–1278 n. Chr.), die man auch als die ‹blumenliebende› kennt, waren krautige Pfingstrosen ebenso begehrt wie die strauchige Art. Damals kannte man schon 39 Varietäten. Genaueste Angaben über Pflege und Kultur sind erhalten geblieben.
Lange nachdem sie bereits in Japan kultiviert wurde, galt die Schöne in Europa und Amerika als ‹Geheimtip›; sie wurde erst um 1800 in westliche Gärten eingeführt. In den Vereinigten Staaten sind im Laufe der Zeit besondere ‹Peony›-Kulturen angelegt worden, da sie zum Fest des ‹Memorial Day› zu Hunderten verwendet werden.
Die gelbblühenden Arten *Paeonia lutea* und *Paeonia delavayi* zieren erst seit Anfang des 20. Jahrhunderts westliche Gärten.

Heilwirkung:
Wurzel krebsverhütend, antiseptisch, antispasmodisch (Magen), schleimlösend; gegen Gleichgewichtsstörungen, Kopfschmerzen, Blutarmut.

Wirkstoffe:
Beta-Sitosterol; Paeoniflorin (!), insbesondere im Knospenstadium. Aus den Wurzeln gewinnt man neuerdings eine Monoterpene, zudem Paeonflorigenon.

Lit.: 12, 23, *27*, *28*, 41, 50, *67*, *68*, 93, 123, 136, *141*, 147, *265*, 272

小报春

Primel

(Primula L.*)*

Pinyin: pao chun
e. : primrose
f. : primevère
sp.: primavera
i. : primula

Primulaceae

Primula sinensis

Vorkommen:
Über 400 Arten in der Nordhemisphäre, davon sind rund die Hälfte in Westchina beheimatet.

Botanische Merkmale:
Ausdauernde Stauden; Blatt ungeteilt, oft sukkulent oder behaart; Blüten langröhrig verwachsen mit Blütenteller (Stieltellerblüten); 2–3.

Geschichte/Kultur/Symbolik:
Wie ihr lateinischer Name sagt, blühen diese beliebten Zierstauden als erste im Jahr. In China nennt man die Primel ebenfalls ‹Frühlingsankünder›, zieht sie bevorzugt in Töpfen während der kalten Jah-

Primula erosa

Primula veitchii

Primula maximowiczii

Primula pinnatifida

Primula vinciflora

Primula littoniana

Primula helodoxa

Primula blattariformis

Primula rupestris

Primula amethystina
var. *brevifolia*

Primula pycnoloba

Primula heucherifolia

reszeit. Symbolische Bedeutung haben sie im Laufe der Jahrhunderte nicht erhalten. Aber Pflanzenjäger waren alle tief beeindruckt von der Artenvielfalt, die sie in den Bergen von Westchina antrafen. *Primula praenitens (= P. sinensis)*, in Ichang beheimatet, ist eine begehrte Zierpflanze, insbesondere in England, wo sie für Neuzüchtungen wegen ihrer Variabilität unentbehrlich geworden ist. Im Gewächshaus, als Zimmerpflanzen eignen sich die im Winter blühenden Arten wie *Primula obconica* und *Primula malacoides*, die Flieder- oder Brautprimel. Die letztere erfreut mit rosa oder lila Blüten den ganzen Winter hindurch; die großblütige *P. obconica*, von der es viele Varietäten gibt, mit gefüllten oder gefransten Blüten, ist ein dankbarer Winterblüher. Wilson, der mehrere neue Primelarten aus China mitgebracht hat, gab seiner Tochter die Namen Muriel Primrose!

Lit.: 28, 41, *65*, *66*, 67, 93, 120, 136, *147*, 175, *265–267*

Rhododendron calophytum

杜鹃花
闹羊花

Rhododendron, Alpenrose

(Rhododendron L.*)*

Pinyin: tu shüan
e. : rhododendron, rose-bay
f. : rhododendron
sp.: rododendro
i. : rododendro

Ericaceae

Vorkommen:
Von über 850 Arten der Gattung *Rhododendron* kommen rund 400 in den Berggebieten an den Schattenhängen von Südwest-China vor; insbesondere in westlichen Ländern als Ziersträucher kultiviert.

Botanische Merkmale:
Strauch oder Baum; Blatt meist einfach, immergrün, lederig oder laubwerfend (sogenannte ‹Azaleen›); Winterknospen mit schuppigen Blättern; Blütenknospen dicker als jene, die Blätter ausbilden; in den Achseln der Blütenstände wachsen neue Knospen; Blüte trichterförmig, 5zipflig; 3–4 (‹Azaleen›: 5); Fruchtkapsel fünfteilig.

Geschichte/Kultur/Symbolik:
«Wenn der Ruf des Kuckucks ertönt, dann öffnen sich die ersten Rhododendren-Blüten», und so ist es nicht verwunderlich, daß sie in China ‹Kuckucksblüten› heißen. Der Gattungsname wurde aus den griechischen Begriffen ῥόδον (rhodon) = Rose und δένδρον (dendron) = Baum gebildet; fast alle westlichen Sprachen haben diese Benennung übernommen. Durch alle Jahrhunderte wurden die europäischen Chinareisenden überwältigt von der Pracht der mit Rhododendren bewachsenen Berghänge, die den Pflanzensucher mit einer noch nie gesehenen Fülle von roten, reinweißen, gelben oder lila Blüten entgegenleuchteten und das verlassenste Bergtal in ein Blumenparadies verwandelten. Marianne Beuchert (Lit. 12, 13) schrieb kürzlich in einem Artikel ‹Dem Rhododendron verfallen›: «Es gibt sie: die Liebe, die früh im Leben beginnt und über Jahrzehnte bleibt, sich sogar steigert. Mich traf sie an einem Maitag in einem norddeutschen Kiefernwald mitten ins Herz. Es

Rhododendron dichroanthum

Rhododendron aureum

Rhododendron soulei

Rhododendron callimorphum

Rhododendron amesiae

Rhododendron flavidum

Rhododendron forrestii

Rhododendron melianthum

Rhododendron insigne

Rhododendron concinuum f. laetevirens

Rhododendron scottianum

Rhododendron fulvum

Rhododendron brevistylum

Rhododendron traillianum

Rhododendron trichanthum

war und ist eine besondere Pflanzenliebe geblieben: die Liebe zu den Rhododendren.»
Über 150 Arten hat man mit Erfolg in Europa und Nordamerika als Ziersträucher eingeführt, die meisten erst in den letzten fünfzig Jahren. In ihrer Heimat werden insbesondere folgende Arten als Zierpflanzen gehegt: *Rhododendron pulchrum*, *Rh. simsii* (Stammform der Topfazaleen), *Rh. mucronatum*, *Rh. molle.* Roy Lancaster berichtet in ‹Travels in China – a Plantsman's Paradise› (Lit. 136): «Auf dem Weg auf den heiligen Berg Emei Shan durch dichte Bambusbestände begegneten wir unserem ersten Rhododendron, *Rhododendron rieri*, der 1903 von Wilson entdeckt worden ist; leider waren die blaß fuchsiaroten Blüten längst verwelkt, und wir mußten uns begnügen mit dem kontrastreichen Blatt: dunkelgrün oben, unterseitig silberweiß. Der Name ‹rieri› erinnert an Wilsons Freund, der lange als Missionar in China gelebt hat. Die Art sieht man hier auf Emei Shan zusammen mit einer sehr ähnlichen, aber rosablühenden: *R. argyrophyllum* var. *omeiense.* Am eindrücklichsten aber war *R. calophytum*, der auch recht oft mit Bambus zu beobachten war. Zwar hat ihn Armand David als erster seinerzeit in Sichuan entdeckt, doch es war Wilson vorbehalten, diese Art 1904 als erster in Großbritannien einzuführen. Sie ist leicht zu erkennen an ihren mehr oder weniger glatten, saftig-grünen Blättern, die sehr lang und relativ schmal sind. Die eng aneinander geschmiegten Blüten öffnen sich im April rosa oder weiß, ein hinreißender Anblick. Wie alle anderen seiner Gattung bevorzugt *R. calophytum* eine geschützte Lage, was hier an den Wildstandorten deutlich zu sehen war: Die allerschönsten Exemplare wuchsen schattig in Tobeln und entlang tief eingeschnittenen Wildbächen. Hier fanden wir mehrmals Sträucher von mindestens 8 m Höhe, ja sogar einen Baum, ein einstämmiges Exemplar, das mindestens 10 m hoch war und vermutlich 200 Jahre zählte.»

Émile Gallé, *Rhododendron Lampe*, Glas, um 1900

Heilwirkung:
Rhododendron gehört in der chinesischen Kräuterheilkunde zu den fünfzig Grundpflanzen, insbesondere die Art *R. simsii*, die Wong (Lit. 272) zu den wichtigen energiespendenden Pflanzen zählt.

Lit.: *12*, 13, 27, 28, 50, *51*, 57, 67, 68, 77, 93, 121, 123, *136*, *147*, *265–267*, *272*, 277

Loropetalum chinense

Hamamelis mollis

檵花

Riemenblume, Loropetalum

(Loropetalum chinense [R. Br.] Oliv.*)*

Pinyin: ji hua
e. : strap flower

Hamamelidaceae

Vorkommen:
Westchina, hauptsächlich verbreitet im Yang-tse Tal, Provinz Hubei.

Botanische Merkmale:
Immergrüner Strauch, bis zu 5 m; Blatt einfach, behaart; Blüten dicht, weißlich, schmal-geschwänzte Zipfel; 2–3.

Geschichte/Kultur/Symbolik:
Wenn der Riemenblumenstrauch blüht, denkt man unwillkürlich an *Hamamelis*, die Zaubernuß. Beide sehen sich ähnlich und gehören botanisch zur selben alten Familie, wie z. B. auch der Amberbaum, *Liquidambar.* Der nur bedingt winterharte Loropetalum-Strauch ist eine der seltenen Gartenpflanzen in Europa, in Kalifornien hingegen ist er ein beliebter, frühblühender Zierstrauch. Wilson notierte: «Einen anderen gut bekannten Strauch hier in West-Hubei sieht man immer wieder: *Loropetalum chinense.* Oben auf den Felsrücken oder zwischen beweglichen Kalksteinblökken formen diese Büsche undurchdringliche Dickichte. Sie verzweigen sich stark und werden selten über einen Meter hoch. Wenn die Riemenblume in voller Blüte steht, sieht es von weitem aus, als lägen dort noch die allerletzten Schneeflecken. Die Gärtnerei Veitch kann recht schöne Exemplare zeigen, aber welch große Kluft zwischen den allerbesten kultivierten Exemplaren und jenen die an ihrem na-

türlichen Standort wachsen! Leider ist Loropetalum kälteempfindlich, so kann er den Winter höchstens in Cornwall überdauern.» (Im Botanischen Garten Zürich gedeiht seit Jahren ein im Frühjahr vielbeachtetes Exemplar!) Vor ein paar Jahren sah Lancaster diesen reizvollen Frühblüher am berühmten Westsee in Hangzhou. Hier wuchs er gemeinsam mit einer chinesischen Stechpalmen-Art *Ilex cornuta* und der kletternden *Rosa cymosa*. Außer der weißlich blühenden gibt es noch eine Form mit roten Blüten, die in der Provinz Honan vorkommt und kultiviert wird. Aus *Hamamelis mollis* Oliv., der Chinesischen Zaubernuß, in West-Hubei beheimatet, wurden viele europäische Sorten gezüchtet. Es hat sich erwiesen, daß die chinesische Art bessere, schönere Sträucher hervorbringt als die japanische. Schon früh im Jahr kann man sich an den langgeschwänzten, gelbleuchtenden Blüten freuen, die Schnee und Frost ohne Schaden ertragen.

Heilwirkung:
In der chinesischen Materia Medica wird *Loropetalum* aufgelistet: Blätter und Blüten wirken hustenreizstillend, entzündungshemmend bei Verletzungen; *Hamamelis* hat dieselben Wirkungen.

Lit.: 28, 41, *51*, 65, 66, *136*, 178, *265*

月季花
金櫻子
薔薇花
玫瑰花

Rose

(*Rosa* L. = *Rhodophora* Neck. = *Hulthemia* Dum. = *Lowea* Lindl. = *Hultenia* Rchb. = *Rhodopsis* Rchb. = *Hesperodos* Cock.)

Pinyin: xiao jin ying (*R. chinensis* Jacq.) Bengal- oder Chinesische Rose; jin ying zi (*R. laevigata*) Michx. Banks-Rose; qiang wei hua (*R. multiflora* Thunb.) Vielblütige Rose; mei gui hua (*R. rugosa* Thunb.) Kartoffel-Rose

e. : rose
f. : rose
sp.: rosa
i. : rosa

Rosaceae

Vorkommen:
Der Rosengattung werden über 250 Arten zugeordnet, die größtenteils in den gemäßigten Zonen der Nordhemisphäre vorkommen. In China beheimatet sind u. a.: *Rosa chinensis* Jacq., *R. banksiae* Ait., *R. cymosa* Tratt., *R. laevigata* Michx., *R. moyesii* Hemsl. et Wils., *R. bella* Rehd. et Wils., *R. sertata* Rolfe, *R. multiflora* Thunb., *R. omeiensis* Rolfe, *R. sericea* Lindl., *R. rugosa* Thunb., *R. davurica* Pall., *R. persica* Michx., *R. soulienana* Crép., *R. hugonis* Hemsl., *R. sinowilsonii*, *R. xanthina* Lindl. Alle Arten sind weltweit wichtig als Mutterpflanzen für die Rosenzucht.

Botanische Merkmale:
Strauch, aufrecht, kriechend, kletternd, Zweige meist mit Dornen;

Rosa moyesii

Rosa omeiensis

Blätter unpaarig gefiedert, mit Stipeln; Blüten einzeln oder zu mehreren, meist fünfzählig, viele Staubblätter, oft petaloid, Griffel frei oder verwachsen, meist aus dem Blütenbecherboden herausragend, Stiel aufrecht, meist 6–7, Sammelfrucht (Hagebutte).

Geschichte/Kultur/Symbolik:
Die griechische Dichterin Sappho hat die Rose zur Blumenkönigin gekrönt, diese Krone hat ihr, insbesondere in der westlichen Welt, im Laufe der Jahrhunderte niemand streitig gemacht. Die Rose wird von allen geliebt, gehegt, gepflegt und besungen, auch heute noch. Doch hat sie seither ihr ‹Gesicht› verändert. Die modernen Gartenrosen sind Ergebnisse der englischen Rosenzüchter. Im ausgehenden 18. Jahrhundert, als die ersten chinesischen Rosenarten nach Europa kamen, versuchten die Gärtner mit Erfolg die charakteristische lange Blühfähigkeit auf neue Züchtungen zu übertragen. *Rosa multiflora*, *Rosa rugosa*, *Rosa chinensis*, *Rosa banksiae* sind für Li (Lit. 147) die wichtigsten chinesischen Arten, die für die Rosenzucht nicht wegzudenken sind.
Die Chinesen haben eine enge Beziehung zu verschiedenen Blumen, sie lieben die Päonie wie die Mei-Pflaume, doch auch die Chrysantheme, die Gardenie, nicht zu vergessen die Lotosblume usw., aber wir in der westlichen Welt bevorzugen seit antiker Zeit bis in die jüngste Gegenwart die Rose vor allen anderen Blumen; sie ist und bleibt die ‹Königin›, sie wird geliebt und bewundert. Für diese jahrhundertealte Zuneigung stehe anstelle eines seitenfüllenden geschichtlichen Überblicks das Gedicht des größten Dichters deutscher Sprache, ein Gedicht, das auch den Botaniker verrät:

Rosa sinica

Als Allerschönste bist du anerkannt,
Bist Königin des Blumenreichs genannt;
Unwidersprechlich allgemeines Zeugnis,
Streitsucht verbannend, wundersam Ereignis!
Du bist es also, bist kein bloßer Schein,
In dir trifft Schaun und Glauben überein;
Doch Forschung strebt und ringt, ermüdend nie,
Nach dem Gesetz, dem Grund, Warum und Wie.

Johann Wolfgang von Goethe

Rosa muscosa

Rosa hispida

Rosa corymbulosa

Rosa sertata

Rosa setipoda

Rosa holodonta

Rosa multiflora

Rosa xanthina

Rosa gigantea

Rosa centifolia

Rosa microphylla

Rosa sericea

Rosa banksiae

Rosa banksiae

Wirkstoffe:
Am Beispiel der *Rosa rugosa*: Öl-essenz enthält: Citral, Cyanin, Geraniol, l-Linalool, Nerol, Nonylaldehyd, Phenyläthylalkohol, p-Menthanon, n-Heptyl Alkohol, Benzylformiate, Benzaldehyd, Nonalactone, Eugenol, Phenylessigsäure, Benzoesäure, Citronellyl-, Neryl- und Geranylacetat, Rosenoxide, Methyleugenol; Petalen enthalten: Paeonidin, Paeonin, Spuren von Cyanidin; Blätter enthalten: Isoquercitrin; Hagebutte frisch: Quercetin, Isoquercitrin, Tiliroside, bis zu 100 mg Ascorbinsäure/100 g; Samenöl enthält: 17,6 % Palmitrin-, Oleanol-, 44,5 % Linol-, Linolensäure, auch Glutamin-, Asparagin-, Shikimi-, Apfel-, Citronensäure.

Heilwirkung:
Von den zahlreichen einheimischen Rosenarten Chinas sind als Heilpflanzen vor allem *Rosa multiflora*, *Rosa laevigata*, *Rosa rugosa*, *Rosa chinensis und Rosa cymosa* wichtig. Außer Blättern, Blüten und Früchten wird oft auch die Wurzel verwendet; jede Art weist besondere Heilwirkungen auf. Frankreich, Bulgarien, Türkei, UdSSR, Indien sind die Hauptthersteller von Rosenöl.

Lit.: 6, 13, 27, 41, *51*, 67, *80*, 93, *94*, *120*, 123, 136, *147*, 156, *265–267*

中华蜡瓣花

Scheinhasel

(Corylopsis Sieb. & Zucc.*)*

e. : corylopsis

Hamamelidaceae

Vorkommen:
Die Gattung *Corylopsis* gehört in die alte Familie der Zaubernußgewächse *(Hamamelidaceae)*; ihr Hauptverbreitungsgebiet ist Mittelchina und erstreckt sich einerseits bis zu den östlichen Himalayaketten, andererseits bis nach Japan; in Laub-

Corylopsis veitchiana

wäldern als strauchiges Unterholz, insbesondere von Handel-Mazzetti (Lit. 92, 93) erwähnt.

Botanische Merkmale:
Strauch, bis 2 m; Zweige schlank; Winterknospen hellgelb, glänzend, gestielt; Blätter oval, herzförmiger Blattgrund, gezähnelt, dunkelgrün, spitz zulaufend; Blütenstand hängend, kätzchenförmig, zartgelbe Deckblättchen, die als Schauapparat dienen (Bienenblume), fein duftend; 2–3; kann außergewöhnlich früh blühen, oft schon im Januar.

Geschichte/Kultur/Symbolik:
Pflanzengeschichtlich sind die Zaubernußgewächse ein Beispiel einer reliktischen Familie, die im Tertiär – auch in Europa, wo sie heute ausgestorben ist – eine größere Rolle spielte (Lit. 203). Wilson brachte um die Jahrhundertwende chinesische *Corylopsis*-Arten nach dem Westen, so z. B. *C. platypetala*, *C. sinensis*, *C. veitchiana* und *C. willmottiae*. Hance führte später noch *C. multiflora* ein. Als Ziersträucher sind sie eher selten in unseren Gärten zu sehen, vermutlich wegen ihrer frostempfindlichen Blüten.
Zur gleichen Familie gehören *Hamamelis*, die Zaubernuß, und *Loropetalum chinense* (s. S. 119 f.). Unerwähnt bleibt die Scheinhasel als Medizinalpflanze.

Lit.: *6*, 51, 65, 66, 74, 80, *147*, *203*, 216, 273

绿绒蒿属

Scheinmohn, Blauer Mohn, Meconopsis

(*Meconopsis* Vig.)

e. : blue poppy
f. : pavot bleu

Papaveraceae

Vorkommen:
Westchina und Himalaya (42 Arten), Europa (1 Art); bis auf 6000 m steigend.

Botanische Merkmale:
Stauden, mehrjährig; grundständige Blattrosetten; Blütenschaft mit 1–4 Blüten, meist sehr groß, blau, rötlich, gelb; 6–7; Kapsel.

Geschichte/Kultur/Symbolik:
Der wissenschaftliche Pflanzenname *Meconopsis* ist zusammengesetzt aus dem griechischen Wort μήκων (mekon) = Mohn und ὄψις (opsis) = Aussehen, was zu der deutschen Artbezeichnung ‹Scheinmohn› geführt hat. Obschon in dieser Gattung alle drei Grundfarben vorkommen, ist der ‹Blaue Mohn› zum allgemeinen Gattungsnamen geworden. Nur eine Art, die gelbe *Meconopsis cambrica*, wächst wild in Südeuropa, alle anderen sind im Fernen Osten heimisch. Der ‹Blaue Mohn› ist in den letzten Jahren zu einer beliebten Staude der europäischen und amerikanischen Gärten geworden; *Meconopsis betonicifolia*, so heißt diese Art mit wissenschaftlichem Namen, ist von Pater Delavay 1886 in Yünnan entdeckt worden. Diese Gattung der Mohnfamilie weist eine ungewöhnliche Vielfalt an Formen und Farben auf; man findet weiße, gelbe, rote, pur-

Meconopsis betonicifolia

Meconopsis integrifolia

Meconopsis punicea

Meconopsis rudis

purne, violette, blaue. Der gelb oder rötlich blühende ‹Blaue Mohn›, *Meconopsis integrifolia* – Wilson sieht am gleichen Standort gelb und violett blühende Exemplare! – ist besonders auffällig, zeigt er doch über 10 cm weite Blüten. Handel-Mazzetti (Lit. 93) beobachtet ihn auf grasigen, steinigen Stellen auf Kalkunterlage in den Yünnanbergen; auf seiner Forschungsreise fand er über zehn Arten, darunter befand sich eine neue, *M. smithiana*. Li (Lit. 147) verheißt in ‹The Garden Flowers of China›: «Der Name ‹Blauer Mohn› verspricht in naher Zukunft ebenso populär zu werden wie Wicke, Nelke oder Margerite.» Und Lancaster beschreibt in seinem umfangreichen Buch (Lit. 136) den «schönsten ‹Mohn›», der ihm «je vor das Auge gekommen» sei: «Aus der grundständigen Rosette mit rauh behaarten Blättern wuchs ein einzelner dunkelgrüner Blütenstiel, der etwa 20 cm hoch war; er trug drei nickende Knospen und eine endständige, tellerförmige, voll erblühte Blume, deren Durchmesser mindestens 20 cm betrug. Ich habe schon oft *Meconopsis* blühend in Ostasien gesehen, blaue, weiße, gelbe, rote, jede auf ihre Art beeindruckend, aber noch nie habe ich eine so wunderschöne gesehen wie diese mit ihren sechs überlappenden Kronblättern von königlichstem Purpur. Dunkelrote Filamente mit gelben Staubgefäßen umgaben drei grüne Narben. Unser chinesischer Botaniker bestimmte sie als zur ‹horridula›-Gruppe gehörend; später hat es sich gezeigt, daß es *Meconopsis lancifolia* war; diese hat ein großes Verbreitungsgebiet, das vom nordwestlichen Gansu bis zum südöstlichen Tibet reicht und auch noch bis Yünnan, wo Pater Delavay sie als erster entdeckt hat.» Obschon der Scheinmohn so artenreich in China vertreten ist, wird diese Gattung weder als Zier- noch als Medizinalpflanze erwähnt. Hingegen ist der nah verwandte Lerchensporn, *Corydalis*, ebenso artenreich vertreten wie *Meconopsis* und wird, immer wieder in der chinesischen Materia Medica erwähnt.

Lit.: 12, *93*, 136, *147*, *265–267*

荚蒾

Schneeball

(*Viburnum* L.)

Pinyin: hsueh chiu
e. : snowball
f. : viorne
sp.: mundillo

Caprifoliaceae

Vorkommen:
Der Viburnum-Gattung werden weltweit rund 150 Arten zugeordnet, die in gemäßigten Zonen spontan vorkommen. Neueste Forschungsergebnisse haben gezeigt, daß in Südwestchina das Entwicklungszentrum dieser Gattung zu suchen ist (Lit. 147). In China sind rund 70 Arten einheimisch.

Botanische Merkmale:
Meist Sträucher; Blatt ungeteilt, gegenständig; Blüten radförmig, fünfzählig, trugdoldiger Blütenstand; 5–6; Beere.

Geschichte/Kultur/Symbolik:
In chinesischen Gärten sind insbesondere die wohlriechenden Schneeball-Arten beliebte Ziersträucher. In westlichen Gärten wurden in den letzten Jahrzehnten *Viburnum macrocephalum*, *V. tomentosum (= V. plicatum)* und *V. dilatatum*, *V. fragrans (= V. farreri)* bevorzugt; die letztgenannte Art un-

Viburnum rhytidophyllum

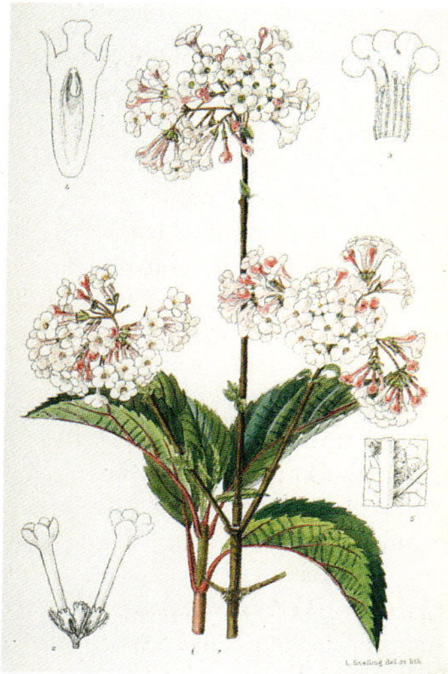

Viburnum fragrans

槐花

Japanischer Schnurbaum

(*Sophora japonica* L. = *S. mairei* Lév. = *Styphnolobium japonicum* [L.] Schott = *Mimosa corniculata* Lour.)

Pinyin: huai hua
e. : pagoda/umbrella tree
f. : sophora du Japon

Fabaceae

Vorkommen:
In Ost- und Mittelchina und in Korea verbreitet.

Botanische Merkmale:
Baum; Krone unregelmäßig, offen, Äste gedreht; Blätter wechselständig, gefiedert, bis zu 25 cm lang, oberseits glänzend dunkelgrün, unten bläulich, behaart; Blüten in aufrechten Rispen, pyramidenförmig, weiß (blüht erst nach rund 30 Jahren!); 9; Fruchthülsen *perlschnurartig* (deutscher Name!) gegliedert, bis 8 cm lang.

Geschichte/Kultur/Symbolik:
Im ‹Chou li› (Lit. 27, 141), einem Text, der vor unserer Zeitrechnung entstand, sind die Etiquette-Regeln erhalten geblieben, die bei einer Audienz beim Kaiser von China befolgt werden mußten. Dort steht geschrieben: «Links vom ‹Sohn des

terscheidet sich durch die Blütezeit, die im November bis Dezember und im März bis April stattfindet (sogenannter ‹Marmorblümchenstrauch›).
Alle Pflanzenjäger, die China erforscht haben, waren von der Artenfülle überrascht und beeindruckt. Den attraktiven Blütenständen des Schneeballs hat man im klassischen Lehrbuch für Malerei, im sogenannten ‹Senfkorngarten› einen eigenen Abschnitt gewidmet.

Heilwirkung:
Als Heilpflanze ist Viburnum unwichtig; die Blätter von *V. dilatatum* gelten als wirksames Wurmmittel.

Lit.: 23, 27, 51, 65, *66*, *68*, *93*, *136*, *147*, 156, *214*, *265*

Sophora alopecuroides

Himmels› stehen neun dornige Sträucher *(Ziziphus jujuba)*. Davor haben Minister zu stehen, Präfekten oder Berater zweiten Grades. Zur Rechten befinden sich ebenfalls neun dornige Jujuba-Sträucher, bei diesen stehen die Lehensfürsten, dahinter müssen sich Offiziere zweiten Grades postieren. Gegenüber dem Kaiser stehen drei ‹huai›-Bäume *(Sophora japonica)*. Unter diesen stehen Mitglieder des Hofrats, dicht hinter diesen Distriktvorsteher.» Nur im englischen Namen ‹pagoda tree› ist etwas von der Bedeutsamkeit des Schnurbaums im kaiserlichen China erhalten geblieben, der in allen östlichen Provinzen wild oder auch kultiviert vorkommt. Die gelbe Farbe, die nur dem Kaiser vorbehalten war, wurde aus seinen Hülsen gewonnen. (Der wissenschaftliche Gattungsname *Sophora* wurde aus dem arabischen Wort ‹sôfera› = gelb gebildet.)
In den kaiserlichen Gärten der ehemaligen ‹Verbotenen Stadt› in Beijing ist einer der Schnurbäume in die Geschichte eingegangen. Ehemals stand er im Kohlehügel-Park, wo sich der letzte Ming-Kaiser am 24. April 1644 erhängt hat. Seine Nachfolger, die Mandschu, ließen ihn weiterwachsen, allerdings legte man ihn in Ketten, in Erinnerung an das traurige Ende des letzten Kaisers aus dem Stamme der Han. Während der Kulturrevolution haben Rotgardisten diesen geschichtsträchtigen Baum gefällt.
Der Jesuitenpater d'Incarville hat 1747 als erster Samen aus China nach Paris geschickt. Bernard de Jussieu, der damals dem ‹Jardin du Roy› vorstand, hat einen guten Teil davon an andere botanische Gärten verteilt. In Kew wurde diese Baumart erstmals 1753 gezogen. Es vergingen Jahre bis man herausfinden konnte, zu welcher Gattung sie gehört, blühte doch das Pariser Exemplar erst im Jahre 1779!
In China sind außer *S. japonica* noch sieben weitere Arten einheimisch, die aber in westlichen Ländern weder kultiviert noch angepflanzt werden. Auch bei dieser Pflanzenart ist die wissenschaftliche Benennung ‹japonica› irreführend, da dieser Schnurbaum in China und Korea beheimatet ist; in Japan ist er eingeführt worden. Wilson hatte sich in diesem Zusammenhang vehement gegen diese immer wiederkehrenden falschen, irreführenden Herkunftsbezeichnungen gewehrt und nannte sie kurz und bündig «a blunder!».

Wirkstoffe:
Antitumor-Alkaloide; vor der Blütezeit enthält das Ovar 40 % Rutin (Hauptlieferant für Rutin, das blutdrucksenkend wirkt); Früchte gegen *Escherichia coli* und *Staphylococcus aureus*. Genistin, Glukose, Kämpferol-Glykosid C, Linolensäure, Oleanolsäure, Quercetin, Rhamnoglykosid, Rhamnose, Rutin, Sophorabiosid, Sophoraflavanolosid, Sophorin, Sophorose, Sophoricoside; 100 g Samen enthalten: 434 Kalorien, 17,2–23 % Eiweiß, 6,9–12,1 % Fett, 66,8 % Kohlehydrate, 9,9 % Ballaststoffe, 3,9 % Asche, 265 mg Ca, 272 mg P und 1,066 mg K.

Heilwirkung:
Sophora japonica gehört zu den fünfzig Grundpflanzen der chinesischen Materia Medica; sie gilt als krebsverhütend und in Kombination mit *Achyranthes bidentata* und *Dianthus superbus* als empfängnisverhütend.
Blatt: laxativ; *Blüte:* beruhigend, angsthemmend, gegen Bindehautentzündung, hohen Blutdruck, Abszesse, Schwindelgefühle; *Zweige:* gegen gerötete Augen, unreine Haut; *Borke:* bei Verbrennungen, Gonorrhoe, Augenentzündungen; *Frucht:* 2-, 3-, 4samige Hülsen um Schwangerschaften zu unterbrechen, bei Gebärmutterblutungen, Wunden; *Same:* blutstillend, toxisch; *Wurzelrinde:* gegen Gonorrhoe, Hodenentzündung.

Lit.: 12, *15*, *27*, 50, *51*, *65*, *66*, 68, 77, 80, 82, 93, 101, 114, 115, 129, 141, 145, 156, *167a*, 210, 220, 225a, 231, 240, 265–267, 272, 280, 281

密蒙花

Sommerflieder, Davids Fliederspeer

(Buddleja davidii Franch. = *B. variabilis* Hemsl.*)*

Pinyin: zui yu cao/mi meng hua
e. : Davids butterfly bush
f. : buddléa de David
sp.: mariposa de David

Loganiaceae/Buddlejaceae

Vorkommen:
Häufig und verbreitet in Nord- und Westchina; bevorzugt Flußtäler; auf Hügeln; Gebüsche.

Botanische Merkmale:
Strauch, bis zu 2 m; Blatt einfach, länglich, unterseitig weißfilzig, gegenständig; Blütenstand eine längliche Traube oder Rispe; Blüte röhrenförmig, Größe sehr variabel; 6–9.

Geschichte/Kultur/Symbolik:
Davids Fliederspeer wurde 1889 nach dem Westen gebracht und von dem britischen Botaniker Hemsley vorgestellt. Der anspruchslose

Buddleja fallowiana

Buddleja alternifolia

Strauch wurde bald zu einem beliebten Sommerblüher, so daß wir ihn sozusagen überall, in ganz Europa und Nordamerika antreffen (Lit. 178), sei es als Zierstrauch in Anlagen oder als Gartenflüchtling an Straßenecken, oft zusammen mit Weide und Holunder an Waldrändern, auf Schutt- und Trümmerplätzen usw. Er wird den Pionier-Sträuchern zugezählt, was durchaus mit Wilsons Beobachtung übereinstimmt, der im nordwestlichen Sichuan notiert: «Auf Talböden und brachliegenden Äckern blühte überall üppig der Sommerflieder, Tausende und Abertausende von rötlich-violetten Blütenrispen entzückten die Augen, wobei die Varietät ‹magnifica› mit den zurückgeschlagenen Petalen und intensiv gefärbten Blüten besonders hervorstach.» Auch Handel-Mazzetti und später Lancaster (Lit. 93, 136) beobachteten verschiedene Arten des Sommerflieders, wie *Buddleja asiatica, B. crispa, B. delavyi, B. forrestii, B. lindleyana, B. macrostachys, B. nivea, B. officinalis.* Es ist durchaus gerechtfertigt, *Buddleja* als eine vorwiegend chinesische Gattung zu bezeichnen.

Heilwirkung:
Als Medizinalpflanzen werden *B. lindleyana* und *B. officinalis* verwendet; Blätter der ersten Art helfen bei Katarrh und Asthma; Blüten von *officinalis* lindern Augenentzündungen.

Lit.: 41, *51*, 55, 56, *93*, 136, *147*, 265

蜀葵花

Stockrose, Stockmalve

(Alcea rosea L. = *Althaea rosea* [L.] Cav.*)*

Pinyin: shu kui hua
e. : hollyhock
f. : passerose, guimauve rose
sp.: malvarossa
it. : malvarosa, rosone

Malvaceae

Alcea rosea

Vorkommen:
Im Südwesten Chinas wildwachsend; anspruchslos, oft an Wegrändern; weltweit eingebürgert; Herkunft umstritten: auch ost-mediterran.

Botanische Merkmale:
Große, mehrjährige Staude, bis 2 m hoch; Stengel steif aufrecht; Blüten groß, längs des Stengels von unten nach oben sich entwickelnd; verschiedene Rottöne, weiß, gelb, purpurn, sogar schwärzlich; Außenkelch kürzer als Kelch; Blatt langgestielt, rundlich-herzförmig, 3–5 stumpfe Lappen; Teilfrüchte geflügelt; 7–8 (9–10).

Geschichte/Kultur/Symbolik:
Die Stockrose tauchte um 1600 herum erstmals in Mitteleuropa auf, wie z. B. im berühmten Apothekergarten zu Eichstätt. Vermutlich wurde sie auf den vielbegangenen Seidenstraßen vom südwestlichen China nach Kleinasien ins Mittelmeergebiet gebracht (Lit. 28, 137, 236). Meine Recherchen haben ergeben, daß der englische Name auf einem Irrtum beruht: ‹holly› = aus dem Holy = Heiligen Land stammend; ‹hoc› (= Malve) (Lit. 43). ‹Curtis' Botanical Magazine› gibt an, daß *Alcea rosea* 1753 aus China eingeführt worden sei. In ‹Philip Miller's Garden Dictionary› (1768) liest man folgende Notiz: «Vor vielen Jahren sah ich verschiedenfarbige Stockrosen im Garten des verstorbenen Lord Burlington, London; die Samen hatte er direkt aus China erhalten. Bei Linnaeus steht zwar ‹in Oriente›, aber diese Pflanzenart wächst wild in China, von dort habe ich oft Samen erhalten.» Auch Nachschlagewerke aus jüngster Zeit tun sich schwer mit der ursprünglichen Heimat dieser Zierpflanze, obschon der Chinese sie seit uralter Zeit mit ‹die Schöne Malve aus Sichuan› bezeichnet. Nachweislich war die Stockrose ein Bestandteil der ‹Sieben-Gemüse-Marinade› für die kaiserliche Hofküche aus *Alcea rosea*, *Allium odorum*, *Brassica rapa*, *Menyanthes nymphoides*, *Apium graveolens*, *Bambusa edulis* und *Typha*-Sprossen. Stockrosenblüten wurden dabei gelegentlich durch *Malva verticillata* ersetzt, ebenfalls eine chinesische Art, die in Südeuropa als Gartenpflanze kultiviert wird. Die *Malvaceae* sind in China mit den Gattungen *Malva*, *Malvastrum*, *Sida*, *Abutilon*, *Urena*, *Hibiscus* (s. S. 91), *Eriodendron* gut vertreten. Weder in China noch in Europa hat die Stockrose symbolhafte Bedeutung.

Im 19. Jahrhundert erreichte die in den verschiedensten Farben Blühende den Höhepunkt ihrer Beliebtheit: mit ihren Rot-, Gelb- und Weißtönen zierte sie Stadt- und Bauerngärten, Blumenzüchter nahmen sich der *Alcea rosea* an und entwickelten ‹gefüllte› Blüten, und dem Naturwissenschaftler Mendel diente sie als Versuchspflanze für seine Abhandlung über Hybriden. Der Weinbauer verwendete die dunkelpurpurnen Blüten, um seinem Produkt ein attraktiveres ‹warmes Weinrot› zu geben. Und seit kurzem werden Ostereier mit Malvenblüten eingefärbt, die von der Stockrose stammen. Leider befällt ein Rostpilz seit 1866 diese Pflanzenart, so daß die einst so Vielbewunderte aus unsern Gärten beinahe verschwunden ist.

Wirkstoffe:
Althaein, estrin-ähnliche Komponenten.

Heilwirkung:
Kreislaufanregend, gegen Darmträgheit (Absud der Blüten); auf Abszesse aufgelegt (zerstoßene Wurzeln).

Lit.: 10, *27*, *28*, 43, *51*, 55, 57, *90*, 93, 120, *137*, 147, 154, 186 f, *236*, 282

Hemerocallis fulva

萱草根

Gelbrote Taglilie

(Hemerocallis fulva L. = *H. crocea* Lam.*)*

Pinyin: xuan cao gen / hsüan
e. : yellow day lily
f. : lis rouge

Liliaceae

Vorkommen:
Zentralchina, im Becken von Shang-jiang (Lit. 123). Schon vor der Zeitwende in Europa naturalisiert.

Botanische Merkmale:
Ausdauernde Staude mit Wurzelknollen und unterirdischen Ausläufern; Blatt schmal-lanzettlich, lang; Blüte groß, gelb oder orange, trichterförmig, geruchlos, Eintageblüte; 5–6.

Geschichte/Kultur/Symbolik:
In alten Schriften heißt es, daß die Gelbe Taglilie Ägyptern, Griechen, Römern und anderen alten Völkern bekannt war. Dioskurides beschrieb ihre medizinischen Eigenschaften genau, Plinius d. Ä. zählt sie auf in seiner ‹Naturgeschichte›. Viele sind überrascht, wenn sie hören, daß diese Pflanze in China beheimatet ist. (In Nachschlagewerken [Lit. 181] heißt es auch heute noch: «Heimat unbekannt».) *Hemerocallis fulva* kam wie der Rhabarber sehr früh über die große nördliche Seidenstraße in die Länder des Nahen Ostens; beide waren wegen ihrer medizinischen Eigenschaften so wichtig für die Völker, daß sie den chinesischen Händlern hohe Preise dafür bezahlten (vgl. Lit. 123, 137, 249). Denn die damaligen fernöstlich-europäischen Handelsbeziehungen, insbe-

sondere während der Vorherrschaft der Perser und später der Römer im Mittleren Osten, verlangten sehr aufwendige Transportwege, sei es zu Land mit Karawanen, oder mit Schiffen zur See. Es versteht sich daher von selbst, daß nur Güter transportiert wurden, die so wertvoll waren, daß es lohnend war, so lange und strapaziöse Reisen zu unternehmen.
Das ‹Nur-einen-Tag-lang-Blühen› der Taglilie wurde von Dichtern des chinesischen Kaiserreichs vielfach besungen. So wird die Gelbrote Taglilie im ‹Buch der Oden› (Lit. 141) mehrere Male als diejenige Pflanze angerufen, die auch Liebesschmerz ‹verwelken› lasse:

Wo finde ich des Vergessens Blume?
Würde sie pflanzen an des Hauses Nordseite.
Voller Sehnsucht denke ich an meinen Liebsten.
Verletzt ist mein wundes Herz.

Heilwirkung/Verwendung:
Der *Hemerocallis*-Anbau ist in China wichtig, da diese Taglilienart als schmerzlindernde Heilpflanze gilt und insbesondere Erstgebärenden verordnet wird. In keinem chinesischen Heilkräuterangebot darf sie fehlen. Es ist erwiesen, daß sie Asparagin enthält. Von der Schwesternart *H. flava* werden hauptsächlich die getrockneten Blütenknospen verwendet, entweder als Gemüse oder als Beigabe zu Fleischgerichten. Diese angenehm duftenden ‹Gold-Nadel-Knospen› werden im verlassensten Bergdorf zum Kauf angeboten; der Geschmack soll angenehm süßlich, etwas schleimig sein.

Lit.: *27*, *123*, *137*, *147*, 156, 167 a, 170, 249, 256, *265–267*

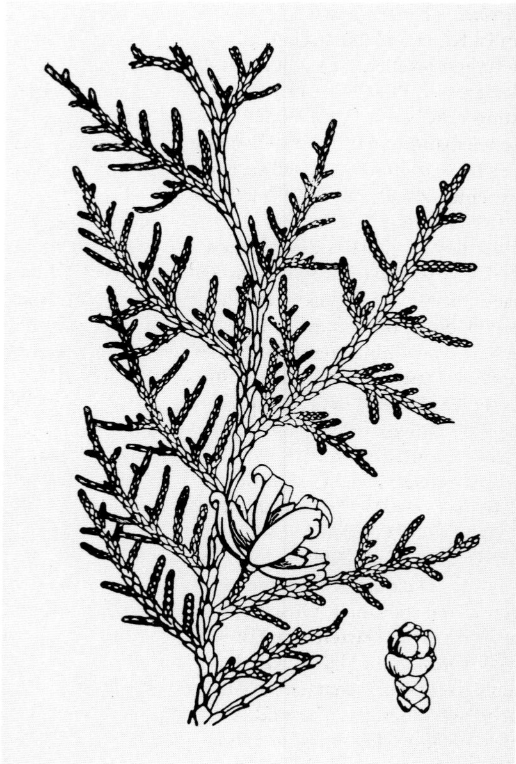

Thuja orientalis

侧柏叶

Thuja, Chinesischer Lebensbaum

(*Thuja orientalis* L. = *Th. chinensis* Hort. = *Biota orientalis* Endl. = *B. chinensis* Hort. = *Platycladus orientalis* [L.] Franco)

Pinyin: dse bai/ ai po
e. : Oriental arbor vitae
f. : thuya oriental
sp.: tuya, arbol de la vita
i. : tuia, albero della vita

Cupressaceae

Vorkommen:
In Berggebieten an Felshängen in Nord- und Südwestchina; auch Turkestan, Armur, Transkaukasien; oft bestandbildend; in China seit ältester Zeit als Allee- und Tempelbaum angepflanzt.

Botanische Merkmale:
Baum, schmal, aufrecht, zuerst eiförmig; in China bis zu 30 m, bei uns viel kleiner; Schuppenblätter beidseitig grün, Spitze etwas gekrümmt, Zweiglein senkrecht; Blüten unscheinbar; Zapfen eiförmig, aufrecht, an der Spitze mit Häkchen; in China widerstandsfähig, langlebig.

Geschichte/Kultur/Symbolik:
Im Li Ki, einem klassischen Text, steht geschrieben: «Es gibt nichts Besseres im Pflanzenreich als ‹sung›, die Kiefer, und ‹ai po›, den Lebensbaum, beide überstehen alle vier Jahreszeiten, ohne daß sie auch nur einen Zweig oder ein Blatt verändern müssen.»
Mitte des 18. Jahrhunderts kamen durch Missionare die ersten Samen nach Paris; 1768 konnte man einen noch kleinen Baum bewundern, der als ‹von China kommend› bezeichnet wurde. Fortune sieht fünfzig Jahre später in den Pekinger Bergen Thujas von «gigantischer Größe», zudem fand er die Varietät *‹elegantissima›*. Zwei Generationen später schrieb Wilson im Kapitel ‹Gardens and Gardening›: «China ist ein Land der Gegensätze – ein Land, das keinem verallgemeinernden Urteil standhält. Obschon Chinesen in ihren Gärten eine Vorliebe für Groteskes und künstliche Landschaften zeigen, schätzen sie natürliche Schönheit ganz besonders hoch. Augenfällig ist diese Tatsache, wenn man sieht, wie sie diesen Lebensbaum an ihren heiligen Stätten pflanzen. Am Ende einer langen, breiten Allee, die meistens von riesigen Exemplaren der *Thuja orientalis* gesäumt ist, sind Tempel und Gräber unter diesen prachtvollen Bäumen aufgestellt.» Wiederum eine Generation später meinte Handel-Mazzetti (Lit. 93): «Die *Thuja o.* habe ich hier [i. e. in Yünnan] als neu für China bezeichnet, nicht etwa, weil nicht schon zahlreiche Angaben vorliegen würden, sondern weil sie als wildwachsend bisher überhaupt noch nicht sichergestellt worden war. Es gibt nun gar keinen Zweifel, daß sie in dem ganzen angegebenen Gebiete Yünnans einheimisch ist, indem sie ausgedehnte Wälder an den unzugänglichsten Steilhängen und oft senkrechten Felswänden bildet. Gut ausgewachsene Bäume sind unterwärts astfreie Pyramiden, ganz alte aber haben oben breite und stumpfe Kronen.» In Europa ist diese Thuja-Art eher selten, meistens in Friedhofsarealen, anzutreffen.

Heilwirkung:
Blätter: magenstärkend, blutstillend (bei Blutungen im Verdauungstrakt), schmerzstillend;
Samen: gegen Schlaflosigkeit, Neurasthenie, Rheumatismus, Bronchitis.

Lit.: 12, 14, 23–27, 31, 41, 50, 51, 65, 66, *68*, *93*, 114, 115, 120, 136, 141, 145, 151, 167 a, 175, 201, *265–267*, *272*

梓白皮

Gelber oder Chinesischer Trompetenbaum

(*Catalpa ovata* G. Don = *C. bignonioides* var.? *kaempferi* DC = *C.* kaempferi Sieb. et Zucc. = *C. henryi* Dode = *Bignonia catalpa* L.)

Pinyin: zi bai pi / tzö
e. : Chinese catawba or bean tree
f./sp./i.: catalpa

Bignoniaceae

Catalpa fargesii

Vorkommen:
Verbreitet im nordwestlichen Hubei in Bergwäldern zusammen mit der sommergrünen Eiche *Quercus dentata* und *Q. variabilis*; in China kultiviert und als Zierbaum angepflanzt.

Botanische Merkmale:
Baum, schnellwachsend; Blatt einfach, breitoval, langgestielt, auffällig dunkelgrün; Blütenrispe lang, schlank, aufrecht; Blüten gelblich, glockig, ähnlich wie Paulownie; 5–7; Frucht lang, bohnenähnlich, überwinternd.

Geschichte/Kultur/Symbolik:
Im 11. Jahrhundert schrieb der chinesische Botaniker Su Sung: «Dieser Baum ist in ganz Mittelchina verbreitet. Das Holz verwendet man, um Paläste, Tempel und Gartenpavillons zu bauen; deshalb wird er viel angepflanzt.» Das Schriftzeichen ‹Tzö› ist ein Synonym für Integrität und technisches Wissen. Früher war es Brauch, den Maulbeerbaum zusammen mit dem Trompetenbaum im Innengarten zu pflanzen: der erstere, ‹dem Leben zugeneigt›, diente der häuslichen Seidenraupenzucht, der Trompetenbaum, ‹für die Toten sorgend›, lieferte Holz für den Sarg, und aus den Zeichen ‹Sang› (Maulbeere) und ‹Tzö› (Catalpa) wurde der Begriff ‹Sang Tzö›, d. h. ‹aus dem Maulbeer-Catalpa-Land kommend›, was Geburts- oder Heimatort bedeutet. Auch im heutigen China wird er vorzugsweise im Hausgarten als beliebter Schattenspender angepflanzt und wegen seiner vollen Blütenpracht im Frühjahr bewundert, im Herbst wegen der dekorativen, eleganten ‹Bohnen›, die dem kahlen Baum ein besonders malerisches Aussehen verleihen.
In Europa sieht man den Chinesischen Trompetenbaum sehr selten, höchstens in Botanischen Gärten oder Sammlungen. Dasselbe kann man von *Catalpa fargesii* sagen, die von Wilson in Hubei entdeckt und später im Arnold Arboretum kultiviert worden ist. Diese Art entwikkelt schöne lange Rispen, die einzelnen Blüten sind ziemlich groß, rosa bis purpurn mit gelbem Saftmahl. Hingegen ist *Catalpa bignonioides*, die amerikanische Schwester, in Mittel- und Südeuropa ein recht häufiger Zierbaum.

Salix bockii

Lit.: 6, 12, *23*, 51, 68, 136, *141*, *147*, 167 a, 216, 220, 256, 265–267

柳枝

Echte Trauer-Weide, Chinesische Hänge-Weide

(Salix babylonica L. = *S. pendula* Moench. = *S. perpendens* Ser. = *S. subfragilis* Anderss = *S. lasiogyne* Seem. = *S. pseudogilgiana* Levl. = *S. pseudolasiogyne* Levl. = *S. dependens* Nak.*)*

Pinyin: liu zhi
e. : weeping willow
f. : saule pleureur

sp.: sauce llorón
i. : salice piangente

Salicaceae

Vorkommen:
Südchina (Yangtse-Tal); Transkaukasien, Japan; weltweit als Zierbaum angepflanzt, selten rein, meist in Kreuzungen mit *S. alba* ssp. *vitellina.* (Auch von *Salix matsudana*, sogenannte «Peking-Weide», gibt es Hängeformen.)

Botanische Merkmale:
Großer Baum; Zweige schlank, kahl, glänzend, meist hängend, braun oder rötlich purpurn, selten grünlich; Blätter lineal-lanzettlich, gezähnelt, Blattgrund meist keilförmig, Blattspreite lang, zugespitzt, oft etwas schief, beidseitig kahl, oberseitig grün, unterseitig weißlich; Stipeln bei jungen Blättern vorhanden; weibliche Kätzchen länger als die männlichen, Blütenstandsachse etwas behaart; 4.

Geschichte/Kultur/Symbolik:
Dichter der Tang-Zeit wurden nicht müde, die Hänge-Weide zu besingen, ist sie doch nicht nur Symbol der Demut, sondern auch Symbol des ‹Schönen Geschlechts›. Chinesisch heißt sie ‹Seufzende Weide›. Auf einem Tuschebild aus der Ming-Zeit dient sie zur Verkörperung einer elegischen Stimmung:

Zuerst, als wir fortgingen,
waren die Weiden frisch und grün.
Aber bei unserer Heimkehr wird
Schnee aus den Wolken fallen.
Lang und mühsam wird
unser Weg sein;
Hunger und Durst werden wir haben.
Verwundet sind unsere Herzen,
Und niemand weiß von
unserer Trauer.

Kostbares Porzellan zeigt immer wieder das durch Jahrhunderte beliebte Hänge-Weiden-Motiv, und bei Versteigerungen erreichen diese chinesischen Kostbarkeiten Höchstpreise. Auch in Europa dient dieser melancholische Baum oft als Motiv, Monets ‹Seerosen›, seit einiger Zeit immer zugänglich in der Orangerie des Tuileriengartens zu Paris, werden eingerahmt von Zweigen einer stattlichen Hänge-Weide. Nach alten Texten zu schließen, ist *Salix babylonica* mit aufwärtsstrebenden Zweigen im Norden Chinas häufiger als die Hängeform, die hauptsächlich im Süden vorkomme. Im ‹Hia-Kalender› sind die sprießenden Hänge-Weiden-Knospen das Merkmal des ersten Monats, zugleich Anspielung auf das erste erotische Erlebnis, auf das geheime Stelldichein, das mit der scheuen Anfrage «Wünschest du auch, mit mir zu sitzen im Schatten der Hänge-Weide?» eingeleitet wurde.
Je nach Autor werden 300 bis 500 *Salix*-Arten unterschieden, die über die ganze Erde verteilt sind (Ausnahmen: Australien, Neuseeland, Antarktis). In China sind rund 150 Arten einheimisch. «Längs des Yangtse und des Gelben Flusses ist *Salix babylonica* die häufigste und verbreiteste Weide, und zwar von der Mündung westwärts, weit über 3000 Kilometer. Sie wird in diesen

Salix babylonica

Trauerweide · Ausschnitt aus Claude Monet, *Die Seerosen*, Musée de l'Orangerie, Paris

weiträumigen Gebieten in der Nähe von Dörfern, an Straßen entlang kultiviert. Der Habitus ist sehr veränderlich, und alle Formen sind anzutreffen: die typische mit schlanken hängenden, bogenförmigen bis zu jener Form mit aufrecht sich ausbreitenden Zweigen.»
(Lit. 131)
Salix babylonica wird weltweit kultiviert in Vorder- und Ostasien, in Süd- und Mitteleuropa, in Südafrika, im Süden der USA und in Argentinien. In der UdSSR wird diese Art zur Ufer- und Dünenbefestigung angepflanzt. In Indien werden die Blätter (an Qualität der Luzerne vergleichbar) an Rinder verfüttert. Wann die Trauer-Weide nach Europa gekommen ist, ist nicht mehr festzustellen. Dieser dekorative Baum, oft gepflanzt an Flüssen, Seen, Teichen, in Parkanlagen und Gärten, ist aus unserm Landschafts- und Stadtbild nicht mehr wegzudenken.

Wirkstoffe:
Salicin 3–4 % in Stamm und Blättern. Blattextrakt antibiotisch gegen Staphylokokken. Blätter enthalten: Salicortin, Salidroside, Frangilin, Tremuloidinin, Vinalin, Triandrin, Grandidentatin, Delphinidin, Cyanidin, Salicase; 100 g Blätter enthalten 16,7 g Protein, 2,9 g Fett, 70,2 g Kohlehydrate, 18 g Ballaststoffe, 10,2 g Asche, 1,6000 mg Ca, 260 mg P; Rinde und Blätter enthalten 3,9 und 4,9 % Tannin.

Heilwirkung:
Antibakteriell, entzündungswidrig, fiebersenkend.

Lit.: 12, *27*, 37, *51*, 65, 66, 68, *93*, *131*, *141*, *156*, 265–267

Weigela rosea

锦带花

Weigelie

(Weigela rosea Lindl. = *W. florida* [Bunge] A. DC = *W. amabilis* Hort. = *Calysphyrum floridum* Bunge = *Diervilla florida* Sieb. & Zucc.*)*

Pinyin: chin tai hua / yang lu
e. : weigela
f. : diérvilléa

Caprifoliaceae

Vorkommen:
Endemit Nord-Chinas (Lit. 175); bildet in montanen Regionen Strauchmantel-Gesellschaft.

Botanische Merkmale:
Strauch; Blätter ungeteilt; Blüten dicht, glockenförmig, rosa oder rosa/weiß; 5–7; Kapselfrucht (viele Gartenformen).

Geschichte/Kultur/Symbolik:
Schon vor unserer Zeit diente die Weigelie in China als Heckenpflanze. Heutzutage begegnet man ihr in unseren Breitengraden hauptsächlich in Gärten und öffentlichen Anlagen. «Einer der schönsten Sträucher der nördlichen

Gegenden Chinas ist ganz sicher *Weigela rosea*, der zuerst im Garten eines Mandarins gesehen worden ist. In diesem Frühjahr war er buchstäblich vollbeladen mit seinen noblen rosafarbenen Blüten, und alle die ihn sahen, ob Engländer oder Chinese, waren voller Begeisterung. Es freut mich sehr, sagen zu dürfen, daß diese Pflanze und viele andere mehr nun auch bei uns wachsen», so schrieb Robert Fortune vor mehr als 150 Jahren.

Lit.: 12, 27, 65, 66, *67*, *147*, *175*

Chimonanthus praecox

蜡梅花

Winterblüte

(*Chimonanthus praecox* [L.] Link = *Ch. fragrans* [Loisel] Lindl. = *Calycanthus praecox* L. = *Meratia praecox* [L.] Rehd. et Wils.)

Pinyin: la mei hua
e. : wintersweet
f. : chimonanthe

Calycanthaceae

Vorkommen:
Überall in der gemäßigten Zone Chinas.

Botanische Merkmale:
Strauch, bis zu 2 m; Blätter ovallanzettlich, hellgrün, glänzend; Blüte vor Blattaustrieb; 1–3; Tepalen durchscheinend, hellgelb, innere dunkelrot gestreift; Sammelfrucht, einsamige Nüßchen.

Geschichte/Kultur/Symbolik:
Der sympathische Winterblüher ist Ende des 18. Jahrhunderts nach Europa gebracht worden. Auch in China eroberte sich Chimonanthus seine Anhänger relativ spät. Der Dichter Huang T'ing-chien (1045–1105 n. Chr.) freute sich an den weithin leuchtenden Blüten, die gewissermaßen mit den ‹mei›-Blüten wetteiferten; diese Freude übertrug sich auf alle späteren Generationen, so daß seither kein Chinesisches Neujahr – es fällt jeweils zwischen den 20. Januar und 19. Februar – ohne diese fein duftenden Blütenzweige gefeiert werden kann.
Viele Sorten wurden entwickelt, eine davon sei erwähnt: T'an hsiang. La Mei blüht am frühesten, die Blüten dunkelgelb, dicht und intensiv duftend; sie gilt als die beste und beliebteste. Aus den Blüten gewinnt man eine Essenz für die Parfümindustrie.

Lit.: 6, 67, 74, *93*, 136, *141*, *147*, *167a*

Anhang

Naturforscher, Botaniker, Pflanzenjäger in China

BABER, E. C. (1843–1890), britischer Konsularbeamter in Beijing; erster Europäer, der den Berg Emei bestiegen und beschrieben hat. Hat keine Pflanzen gesammelt.

BENTHAM, GEORGE, englischer Botaniker; Verfasser grundlegender Florenwerke; publizierte 1861 die heute noch wichtige ‹Flora Hongkongensis› (Lit. 11).

BRETSCHNEIDER, EMIL (1833–1901), russischer Arzt; dreißig Jahre lang Botschaftsarzt in Beijing; hat sich am eingehendsten mit der Geschichte der chinesischen Botanik befaßt; Autor grundlegender Werke (Lit. 23–28).

BUNGE, A.A. VON (1803–1890), russischer Botaniker; lehrte an der Universität in Kiew; 1829 Begleiter russischer Missionare nach China; botanisierte in der Umgebung von Beijing; zahlreiche Neufunde.

CHENG, WAN-CHUN (1903–1985), chinesischer Botaniker; Direktor des land- und forstwirtschaftlichen Instituts, Beijing. Entdecker von *Metasequoia glyptostroboides* (s. S. 109 f.).

DAVID, J.P.A. (1826–1900), französischer Missionar und Naturforscher; bereiste insbesondere Nord-, Zentral- und West-China; große Pflanzensammlung im Muséum d'Histoire Naturelle, Paris.

DELAVAY, J.-M. (1834–1895), französischer Missionar und Botaniker; lebte von 1867 bis zu seinem Tod in China; sammelte über 1500 neue Pflanzenarten. Zu seinen Ehren trägt die schöne *Magnolia delavayi* seinen Namen (s. S. 107 f.).

DIELS, F.L.E. (1874–1945), deutscher Botaniker, Professor und Direktor des Botanischen Gartens und Museums in Berlin-Dahlem. Verfasser wichtiger botanischer Werke, u. a. der ‹Flora von Zentralchina›.

FABER, ERNST (1839–1899), deutscher Missionar und Botaniker; erster Pflanzensammler auf dem Berg Emei in Sichuan.

FANG, WEN-PEI (1899–1983), chinesischer Botaniker; Spezialist für Acer- und Rhododendron-Arten (s. S. 116 ff.).

FARGES, P.G. (1844–1912), französischer Missionar und Pflanzensammler; bereiste insbesondere Nord-Sichuan. Einige von ihm entdeckte neue Ziersträucher wurden später von Wilson nach Europa gebracht.

FENG, GUO-MEI (geb. 1917), chinesischer Botaniker und Pflanzensammler; erforschte insbesondere Yünnan; Rhododendron-Spezialist (s. S. 116 ff.).

FORREST, G. (1872–1932), erfolgreicher schottischer Pflanzenjäger in China, das er in den Jahren 1904–1932 bereiste; sammelte insbesondere Rhododendron (s. S. 116 ff.) und Primula (s. S. 114 ff.). Er brachte viele neue Pflanzen nach dem Westen, die seinerzeit von Delavay (s. d.) entdeckt worden waren.

FORTUNE, R. (1812–1880), schottischer Forschungsreisender und Pflanzensammler in China; im Auftrag der Royal Horticultural Society brachte er über 150 neue Pflanzenarten in den Westen; Verfasser von interessanten Reiseberichten (Lit. 67, 68).

FRANCHET, A.R. (1834–1900), französischer Botaniker. Im Muséum d'Histoire Naturelle in Paris bearbeitete er insbesondere in China beheimatete Pflanzen, die von den beiden Missionaren David und Delavay (s. d.) gesammelt worden waren. Publikationen: ‹Plantae Davidianae› und ‹Plantae Delavayanae›.

GRAY, ASA (1810–1880), Professor für systematische Botanik und Pflanzengeographie an der Harvard University; Vater der ‹Flora Nordamerikas›; intensiver Briefwechsel mit Charles Darwin; bewundernde Anerkennung von Adelbert von Chamissos nuturwissenschaftlichem Werk.

HANCE, H.F. (1827–1886), englischer Konsularbeamter und Amateur-Botaniker; lebte über vierzig Jahre in Hongkong; stellte seine großen botanischen Kenntnisse allen neuangekommenen europäischen Pflanzenjägern großzügig zur Verfügung. Große Pflanzensammlung im British Museum, Abt. Naturwissenschaft.

Handel-Mazzetti, Frh. H. von (1882–1940), österreichischer Botaniker, Pflanzengeograph und -sammler; hervorragender Kenner der Flora Chinas; bereiste 1914–1919 Yünnan, Sichuan und Südosttibet. Spezialist der Gattungen Primula (s. S. 114 ff.) und Lysimachia (Lit. 92, 93).

Hemsley, W.B. (1843–1924), hervorragender englischer Botaniker; Konservator des Herbariums in Kew Gardens. Verfasser eines umfassenden Katalogs chinesischer Pflanzenarten, den er 1884 begann und im Jahr 1905 abschloß (Lit. 65, 66).

Henry, A. (1857–1930), irischer Arzt und Botaniker; Zollbeamter der Kaiserlichen Chinesischen Handelsmarine. Sieben Jahre lang in Ichang stationiert. Beauftragte Pflanzensammler, in den Bergen von West-Hubei und im nahen Sichuan, später auch in Yünnan und Taiwan zu botanisieren. Berater von E. H. Wilson (Lit. 103).

D'Incarville, P.N. le Chéron (1706–1757), Jesuitenpater und Botaniker. Lebte von 1740 bis zu seinem Tod in Beijing. Sandte Pflanzenmaterial in den Westen, nach Paris; darunter z. B. den Götterbaum, *Ailanthus altissima* (s. S. 89 f.), und die Herzblume, *Dicentra spectabilis* (s. S. 90). Die Gattung *Incarvillea* der Bignoniengewächse wurde nach ihm benannt.

Kamel, G.J., latinisiert ‹Camellus› (1661–1730?), Jesuitenpater, Botaniker und Apotheker; lebte bis zu seinem Tod in Manila (Philippinen); Verfasser einer Flora von Luzon; beschäftigte sich insbesondere mit aus China eingeführten Pflanzen; zu seinen Ehren trägt die Gattung der Theaceae den Namen *Camellia* (s. S. 96 f.).

Kerr, W. (gest. 1814), Gärtner; im Auftrag von Kew Gardens kaufte er in Süd-China neue Ziersträucher ein, die später zum erstenmal im Westen kultiviert worden sind.

Kingdon Ward, F. (1885–1858), englischer Pflanzensammler, Forschungsreisender; bereiste insbesondere China und das südöstliche Tibet, Burma und Assam; sammelte in Ostasien in den Jahren zwischen 1909 bis 1958. Brachte neue Pflanzen in den Westen; Verfasser zahlreicher Bücher.

Kirilov, P.Y. (1801–1864?), russischer Arzt und Botaniker; zehnjähriger Aufenthalt in Beijing; botanisierte insbesondere in der näheren Umgebung.

Koehne, B.A.E. (1848–1918), Botaniker; verfaßte zahlreiche botanische Werke; spezialisiert für *Lythraceae* und *Rosaceae*. Untersuchte insbesondere die von Wilson gesammelten Arten von *Sorbus* und *Philadelphus*.

Lancaster, R. (geb. 1934), englischer Garten- und Landschaftsarchitekt, Schriftsteller, Rundfunkredakteur; in seinem Garten in Hampshire gedeihen mehr als 1500 verschiedene Pflanzenarten; mehrere Reisen in China seit 1979; einen umfassenden Reisebericht über chinesische Zierpflanzen veröffentlichte er 1989 (Lit. 136).

Maries, Ch. (1851–1902), englischer Pflanzenjäger; im Auftrag der Gärtnerei Veitch Reisen in Japan, Taiwan und China.

Maximowicz, C. (1827–1891), russischer Botaniker; hervorragender Kenner der Flora von Ost- und Zentralasien. Zahlreiche Publikationen, u. a. über die von Potanin (s. d.) gesammelten Pflanzen.

Meyer, F.N. (1875–1918), nordamerikanischer Pflanzensammler; im Auftrag des Landwirtschaftsministeriums der USA Expeditionen nach Zentralasien, Sibirien, Nordkorea und China. Er sammelte in großen Mengen Samen, Pflanzen und Stecklinge (Früchte, Gemüse, Getreide, Hülsenfrüchte etc.) und einige Zierpflanzen (Lit. 160).

Potanin, G.N. (1835–1900?), russischer Botaniker und Geograph; bereiste China, Zentralasien und die Mongolei als Zoologe und Botaniker im Auftrag der ‹Geographischen Gesellschaft›. Maximowicz (s. d.) bearbeitete die von Potanin gesammelten Pflanzen und veröffentlichte 1890 die ‹Plantae Chinenses Potanianae et Piasezkianae›. Im Herbarium des Botanischen Gartens von Leningrad (St. Petersburg) wird seine große Sammlung aufbewahrt. Bretschneider (s. d.; Lit. 27) unterstrich die sorgfältige Arbeit Potanins: «Jede Pflanze ist mit einer Etikette versehen, mit genauem Datum und Orts- und Standortsangaben.»

Przewalski, N.M. (1839–1888), russischer Offizier, Forscher und Geograph; sammelte Sämereien, die im Botanischen Garten in St. Petersburg (Leningrad) gezogen wurden; darunter viele neue Pflanzenarten.

Reeves, J. (1774–1836), englischer Naturforscher; lebte zwischen 1812 bis 1831 als Teeinspektor der Ostindischen Kompagnie in Guangzhou; kaufte in Gärtnereien frische Pflanzen, die er Reisenden anvertraute, die nach England heimkehrten; beauftragte chinesische Künstler, von einheimischen Pflanzen kolorierte Zeichnungen anzufertigen. Dank seiner Begeisterung hat der Westen die chinesischen Azaleen, Kamelien (s. S. 96 f.), strauchigen Pfingstrosen (s. S. 112 ff.), Chrysanthemen (s. S. 80 ff.) und viele andere Pflanzenarten kennengelernt. Auch sein Sohn, John Russell, folgte den väterlichen Spuren und sammelte Sämereien und Pflanzen.

Sargent, Ch. Sp. (1841–1927) nordamerikanischer Botaniker, Pflanzensammler und Gründer des Arnold Arboretum der Harvard University, Jamaica Plain, Massachusetts, das er als Direktor bis zu seinem Tod leitete. Dort wachsen hauptsächlich Gehölze, deren Heimat China ist und die E.H. Wilson in seinem Auftrag von seinen Expeditionen mitbrachte.

Schneider, C.K. (1876–1951), deutscher Botaniker und Pflanzensammler; begleitete Handel-Mazzetti (s. d.) nach China; bearbeitete als Taxonom im Arnold Arboretum der Harvard Universität, u. a. die Sammlungen von Wilson; Spezialist für *Berberis* und *Syringa*.

Staunton, Sir G.L. (1737–1801), englischer Diplomat und Amateur-Botaniker; längerer Aufenthalt in Beijing; beauftragte Gärtner und Pflanzenkenner in der Umgebung der Hauptstadt neue Arten zu sammeln. Ein großer Teil davon kam in den Besitz von Benjamin Delessert (s. Jean-Jacques Rousseau, ‹Botanische Lehrbriefe›); dieser beauftragte den berühmten Genfer Botaniker A.P. De Candolle› (Lit. 33, 34), ein Prachtwerk herauszugeben mit dem Titel ‹Icones selectae Plantarum quas in Systemate universali ex herbariis Parisiensibus praesertim ex Lessertiano descripsit›. Um Staunton zu ehren, benannte dieser dann eine neue Gattung der Lardizabalazeae *Stauntonia*, deren sechs bekannte Arten in China und Japan beheimatet sind.

Tatarinov, A.A. (1817–1886), russischer Arzt und Botaniker; tätig in der russischen Mission in Beijing; botanisierte insbesondere in der Umgebung der Hauptstadt, später in der Mongolei; beauftragte chinesische Künstler, kolorierte Pflanzenzeichnungen anzufertigen; Publikationen über seine Arbeit in China (Lit. 234).

Veitch, Sir H.J. (1840–1924), leitete in der vierten Generation die berühmte Gärtnerei seiner Väter; zweimal reiste E.H. Wilson in seinem Auftrag nach China, um neue Zierpflanzen zu entdecken; entwikkelte Idee und Konzept der ersten Blumenschau ‹Chelsea Flower Show› im Jahr 1913.

Williams, J. Ch. (1861–1939), englischer Geschäftsmann und Gärtner; berühmt für seinen Garten mit seltenen Bäumen und Sträuchern, insbesondere chinesischer Herkunft; darunter *Magnolia*, *Rhododendron* und *Camellia;* unterstützte die China-Expeditionen von E.H. Wilson und George Forrest (s. d.) finanziell.

Willmott, E.A. (1858–1934), englische Gärtnerin, Landschaftsgärtnerin und Autorin; erstes weibliches Mitglied der Linnaean Society; unterstützte die Expeditionen von E. H. Wilson finanziell; einige neue Pflanzenarten wurden nach ihr benannt.

Wilson, E.H. (1876–1930), der ‹Chinese›; englischer Forschungsreisender (China, Japan, Korea, Australien), Botaniker, Pflanzenjäger, Photograph und Autor von Büchern und Artikeln für Gartenzeitschriften u. a. (Lit. 260–268). Im Auftrag von der Gärtnerei Veitch (s. d.) reiste er zweimal nach China, und zwar von 1899–1902 und später von 1903–1905. Danach wurde er Mitarbeiter beim Arnold Arboretum, in dessen Auftrag er zwei weitere Male nach China reiste, und zwar in den Jahren 1906–1908 und 1909–1911. Augustine Henry (s. d.) instruierte ihn und half ihm, die unzähligen Schwierigkeiten zu überwinden, die sich einem Europäer in China entgegenstellten. Wilson schickte viele neue Pflanzenarten nach England, später auch nach Nordamerika. Kam bei einem Autounfall ums Leben. Der Gattungsname *Sinowilsonia* der Hamamelisgewächse und die Arten *Berberis wilsoniae*, *Iris wilsonii*, *Magnolia wilsonii*, *Populus wilsonii*, u. a. m. ehren diesen erfolgreichen Pflanzenjäger.

Yü, Te-tsun (andere Transliteration: Yu, Dejun; 1908–1986), chinesischer Botaniker und Pflanzensammler; ehem. Professor am Botanischen Institut, Academia Sinica, Beijing; Leiter von britisch/irischen Expeditionen. Setzte sich für eine Zusammenarbeit zwischen westlichen und chinesischen Botanikern ein; Publikationen (Lit. 280).

Literaturverzeichnis

1 AMANSHAUSER, GERHARD, Der Ohne-Namen-See, Chinesische Impressionen, Zürich 1988.

2 ARGENS, J. B., Chinesische Briefe, Berlin 1768–71.

3 ATLAS CHINA, The Times Atlas of China, London 1974.

4 ATLAS, INTERNATIONALER, Kümmerly + Frey / Westermann, Bern o. J. (1977).

5 Memoirs of Zehir-ed-Din Muhammed BABUR, Emperor of Hindustan, written by himself, in the Chaghata Turki and translated by J. Leyden, W. Erskine, 2 vols., Oxford 1921.

6 BÄRTELS, ANDREAS, Kostbarkeiten aus ostasiatischen Gärten, Stuttgart 1987.

7 BALL, SAMUEL, An account of cultivation and manufacture of tea in China, London 1957, 1980 (Reprint).

8 BANKS, SIR JOSEPH, Icones selectae plantarum, quas in Japonia collegit et delineavit E. Kampfer, ex archteyp. in Museo Britannico asservatis, ill., London 1791.

9 BAO, L., ‹China's 'Miracle Fruit Kiwi'›, in: Progressive Horticulture 11/1 (1979), S. 37–40.

10 BELSER, BASILIUS, ‹Hortus Eichstättensis› MDCXIII, trad. en français ‹L'Herbier des Quatre Saisons›, ed. G. Aymonin, Paris 1988 (Reprint).

11 BENTHAM, GEORGE, Flora honkongensis, London 1830.

12 BEUCHERT, MARIANNE, Die Gärten Chinas, München 2. Aufl. 1988.

13 BEUCHERT, MARIANNE / NICKIG, MARION, Von Lilien bezaubert, mit Rosen verführt, Köln 1985.

14 BIOT, E., ‹Expositions des Saisons›, in: Journal Asiatique, Paris 1840, pp. 561–568.

15 BIOT, E., ‹Calendar of the Hia›, in: Journal Asiatique, Paris 1840, pp. 551–560.

16 BIOT, E., Dictionnaire des noms anciens et modernes des Villes . . . etc. dans l'Empire Chinois, Paris 1842.

17 BLOFELD, JOHN, Von der chinesischen Kunst, den Tee zu bereiten und zu genießen oder das Tao des Teetrinkens, München 1986.

18 BOCCACCIO, GIOVANNI, Der Decamerone, Übers. H. Rüdiger, 2 Bde., Zürich 1951.

19 BONAVIA, E., The Flora of the Assyrian Monuments and its Outcomes, London 1894.

20 International Directory of BOTANICAL GARDENS IV, ed. D. Henderson, Königstein 1983.

21 BRADDOCK, R. J. / KESTERTON, H. W., ‹Citrus Seed Oils›, in: Agric. Exp. Sta. Bull., No. 756 (1973), Gainesville, FL.

22 BRENAN, J. P. & P. S. ASHTON, Life and work of Ernest Henry Wilson in pamphlet, The E. H. W. Garden Appeal, 1976.

23 BRETSCHNEIDER, E., On the Study and Value of Chinese Botanical Works, with Notes on the History of Plants and Geographical Botany from Chinese Sources, Foochow 1870.

24 BRETSCHNEIDER, E., On the Knowledge possessed by the Ancient Chinese of the Arabs and the Arabian Colonies and other Western Countries, London 1871.

25 BRETSCHNEIDER, E., Die Pekinger Ebene und das benachbarte Gebirgsland mit e. Karte der Umgebungen Pekings (Peterm. Geogr. Mitt. Erg.-heft 46 [1876]).

26 BRETSCHNEIDER, E., Early European Researches into the Flora of China, Shanghai 1880.

27 BRETSCHNEIDER, E., Botanicon Sinicum: Notes on Chinese Botany from Native and Western Sources, Part I; The Botany of Chinese Classics, Part II; Botanical Investigations into the Marteria Medica of the Ancient Chinese, Part III, Shanghai, Hongkong, Yokohama & Singapur 1882/1892/1895.

28 BRETSCHNEIDER, E., History of European botanical discoveries in China, 3 vols., Paris 1898.

29 BRIDGEMAN'S Chinese Chrestomathy, Macao 1844.

30 BRÜCHER, H., Tropische Nutzpflanzen, Berlin, Heidelberg, New York 1977.

31 CAMBRIDGE ENCYCLOPEDIA OF CHINA, Cambridge 1982.

31a CAMBRIDGE HISTORY OF CHINA, 12 vols., Cambridge 1976–83.

32 CAMERON, NIGEL, Barbarian and Mandarins – Thirteen Centuries of Western Travelers in China, New York 1970.

33 CANDOLLE, A. DE, Géographie Botanique Raisonnée, Paris 1854.
34 CANDOLLE, A. DE, L'Origine des Plantes Cultivées, Paris 1912.
35 Lettres de CHARLES VIII ROI DE FRANCE, publ. d'après les Originaux pour la Société de l'Histoire de France par P. Pélicier, 5 vols., Paris 1898–1905.
36 CHEN, SHOU-LING / LINAG-CHI CHIA, Chinese Bamboos, New York 1988.
37 CHINESISCHE MALEREI AUS DER SAMMLUNG DRENOWATZ, Museum Rietberg, Zürich, 1980.
38 CHINESE MATERIA MEDICA, Vegetable Kingdom. Rev. F. Porter Smith's Work by G. A. Stuart, Shanghai 1911.
39 THE CITRUS INDUSTRY – History, World Distribution, Botany and Varieties; contents e. g. H. J. WEBBER, ‹History and Development of the Citrus Industry›, and W. T. SWINGLE, ‹The Botany of Citrus and Its Wild Relatives›, University of California 1967.
40 COMMELYN, J., Nederlantze Hesperides Dat is, Oeffening en Gebruik van de Limoen en Oranje-Boomen Gestelt na den Aardt, en Climaat der Nederlanden, Amsterdam 1676.
41 COX, E. H. M., Plant Hunting in China – A History of Botanical Exploration in China and the Tibetan Marches, London 1945.
42 Un petit Traité de CUISINE écrit en français au Commencement du XIVe Siècle, publ. par Douet, Paris 1860.
43 CURTIS' WUNDERWELT DER BLUMEN, Texte: T. Whittle / C. D. Cook, Bern 1979.
44 DEBOR, H. W. / HENNING, J., ‹Bibliographie des internat. Schrifttums über die Gattung 'Actinidia'›, in: Akt. Lit. inf., Obstbau Nr. 52, TU Berlin 1976.
45 DELFS-FRITZ, W., Citrus Cultivation and Fertilization, Ruhr-Stockstoff, Bochum 1970.
46 DÍAZ DEL CASTILLO, Bernal, The True History of the Conquest of New Spain 1515, transl. Maudsley, London 1908.
47 DODGE, BERTHA S., Pflanzen, die die Welt veränderten, Wiesbaden 1963.
48 DRUDE, OSCAR, Handbuch der Pflanzengeographie, Stuttgart 1890.
49 DU, Heft 6/1989, ‹Die Großen Mauern Chinas – eine Idee›, Fotos von Daniel Schwartz, Zürich.
50 DU HALDE, J. B., Description géographique, historique etc. de la Chine, 4 tomes, Paris 1736.
51 DUKE, JAMES A. / AYENSU, EDWARDS., Medicinal Plants of China, ill., vols. I/II, No. 4 in the series ‹Medicinal Plants of the World›, Algonac, MI, 1985.
52 DUKE, JAMES A., Ginseng – A Handbook, Algonac, MI, 1989.
53 EBERTS, WOLFGANG, Bambus in Haus und Garten, Stuttgart 1990.
54 ELSEVIER'S DICTIONARY OF TREES AND SHRUBS, ed. H. Vaucher: Latin, English, French, German, Italian, Amsterdam 1986.
55 ELSEVIER'S DICTIONARY OF WILD AND CULTIVATED PLANTS, ed. W. E. Clason, Amsterdam 1989.
56 ELSEVIER'S WOOD DICTIONARY, by W. Boerhabe Beekman, in Seven Languages: English/American, French, Italian, Spanish, Swedish, Dutch, German, 3 vols., Amsterdam 1964.
57 ERDBERG, ELEANOR VON, Chinese Influence on European Garden Structures, Harvard Univ. Press 1936.
58 ESDORN, I. / PIRSON, H., Die Nutzpflanzen der Tropen und Subtropen in der Weltwirtschaft, Stuttgart 1973.
59 FAN SHENG CHI – Chung Chi Shu, o. O., o. J. (ca. 28 v. Chr.)
60 FARRINGTON, E. I., Ernest Wilson, Plant hunter, Boston 1931.
61 FERGUSON, A. R., E. H. Wilson – Yichang and the kiwifruit, Arnoldia 43/4 (1983), S. 24–35.
62 FLORA EUROPAEA, vols. 1–5, Index, Cambridge 1964–1983.
63 FOLEY, D. J. ET AL., The flowering world of ‹Chinese› Wilson, London 1969.
64 FONTAINE, JEAN DE LA, Les Amours de Psyché et de Cupidon, Paris 1825.
65 FORBES, F. B. / HEMSLEY, W. B., Index Florae sinensis, London 1888.
66 FORBES, F. B. / HEMSLEY, W. B. An enumeration of all plants known from China proper, Formosa, Hainan, Corea, the Luchu Archipelago, and the island of Hongkong, with their distribution and synonymy, 3 vols., London 1886–1905 (Reprint: Königstein 1980).
67 FORTUNE, ROB., Three years wanderings in the Northern Provinces of China (1847), London (Reprint) 1987.
68 FORTUNE, ROB., A journey to the tea country (1852), London (Reprint) 1987.
69 FRANKE, G., Nutzpflanzen der Tropen und Subtropen, Bd. I–IV, Leipzig 1980/84.
70 FRANKENHÄUSER, HERBERT, Wo der Pfeffer wächst – Zur Biologie exotischer Nutzpflanzen, Mainz 1987.

71 FRIMMEL, FRANZ VON, Über einige antike Samen aus dem Orient (Sitzungsber. kais. Akad. d. Wiss., Wien, phil.-hist. Klasse, Vol. 173, Sect. I), 1914, S. 181.

72 GALLÉSIO, GEORGES, Traité du Citrus, Paris 1811.

73 GAMA, VASCO DA, Journal of the First Voyage of Vasco da Gama 1497–1499, ed. E. G. Ravenstein, London 1898.

74 Neues großes GARTENLEXIKON, hrsg. G. E. Siebeneicher, München 1973.

75 GAUGER, G., Chinesische Roharzneiwaren im ‹Repetitorium für Pharmacie und practische Chemie in Russland›, Vol. VII, 1848.

76 GEERTS, A. I. C., Produits de la nature japonaise et chinoise, Paris 1878.

77 GENAUST, H., Etymolog. Wörterbuch der botan. Pflanzennamen, Basel 1976.

78 GEO Spezial CHINA (Nr. 5, 1987), Hamburg.

79 GERARDE, JOHN, The Herball, London 1597.

80 GESSNER / ORZECHOWSKI, Gift- und Arzneipflanzen von Mitteleuropa, Heidelberg 1974.

81 GOETHES GEDICHTE IN ZEITLICHER FOLGE, Bd. II, ‹Chinesisch-Deutsche Jahres- und Tageszeiten›, Insel-Ausgabe, Leipzig o. J., S. 408–411.

82 GOTHEIN, MARIE-LUISE, Geschichte der Gartenkunst, 2 Bde., Jena 1914.

83 GREENHALGH, P., ‹Ramie fibre: production, trade and markets›, in: Trop. Sci. 21 (1979), S. 1–9.

84 GRIEVE, M. / LEYEL, C. F., A Modern Herbal, The Medicinal, Culinary, Cosmetic and Economic Properties, Cultivation and Folklore of Herbs, Grasses, Funghi, Shrubs and Trees with all their modern scientific Uses, London 1974.

85 GROSIER, J. B. G., Description générale de la Chine, Paris 1795.

86 GROUSSET, RENÉ, Histoire de la Chine, Paris 1942.

87 HABART, J. L., ‹La baie de l'Actinidia chinensis var. chinensis›, in: Fruits 29 (1974), S. 191–207.

88 HACHE, V., Verfahren zur Gewinnung von Gewürzkonzentrat aus Ingwer, Entw. und ländl. Raum 13 k (1), 1979, S. 19 f.

89 HÄRTEL, H. / AUBOYER, J., Indien und Südostasien (Propyläen Kunstgeschichte, Bd. 16), Berlin 1971.

90 HÄRTEL, H. / YALDIZ, M., Along the Ancient Silk Routes, New York 1982.

91 HAN, SUYIN, The crippled tree, New York 1965.

92 HANDEL-MAZZETTI, H. V., Naturbilder aus Südwest-China, Berlin 1927.

93 HANDEL-MAZZETTI, H. V., Symbolae sinicae, Berlin 1929.

94 HARKNESS, J. L., Die schönsten Rosen der Welt, Bern 1979.

95 HARLER, C. R., Tea Manufacture, Oxford Univ. Press, London 1963.

96 HARLER, C. R., Tea Growing, Oxford Univ. Press, London 1966.

97 HARRINGTON, GERI, Grow your own Chinese vegetables, New York 1984.

98 HASAN, ABÛ ZAYD, Voyage du Marchand Arabe *Sulayman* en Inde et en Chine, rédigé en 851 suivi de remarques Abû Zayd Hasan vers 916, trad. G. Ferrand, Paris 1922.

99 HAVARD-DUCLOS, B., Les Plantes Fourragères Tropicales, Paris 1967.

100 HEDIN, SVEN, Die Seidenstraße, München 1937.

101 HEGNAUER, R., Chemotaxonomie der Pflanzen, Bd. 1–6, Basel 1962–73.

102 HEHN, VICTOR, Kulturpflanzen und Haustiere in ihrem Übergang aus Asien nach Griechenland und Italien sowie das übrige Europa, Berlin, 8. Aufl. 1911.

103 HENRY, A., Chinese Names of Plants (Journ. China Br. R. Asiat. Soc.), 1887.

104 D'HERVEY DE ST-DENIS, M.-J.-L., Recherches sur l'agriculture et l'horticulture des Chinois et sur les végétaux, les animaux et les procédés agricoles que l'on pourrait introduire . . . dans l'Europe occidentale et le Nord de l'Afrique, Paris 1850.

105 HEYWOOD, V. H., Flowering Plants of the World, Oxford 1978 (Dt. Übersetzung: Blütenpflanzen der Welt, Basel 1981).

106 HILTON, P. J., ‹The effect of shade upon the chemical composition of the flush of tea (Camellia sinensis), in: Trop. Sci. 16 (1974), S. 15–22.

107 HODGE, W. H., ‹Chinese water chestnut or matai – a paddy crop in China›, in: Econ. Bot. 10 (1956), S. 49–65.

108 HOFFMANN, J. / SCHULTES, H., Noms indigènes d'un choix de Plantes du Japon et de la Chine déterminés d'après les échantillons de l'herbier des Pays-Bas, Paris/Amsterdam 1853.

109 HOPKINS, J. T., Fifty Years of Citrus, The Florida Citrus Exchange: 1909–1959, Gainsville, FL, 1960.

110 HOUCK, J. P. / RYAN, M. E. / SUBOTNIK, A., Soybeans and Their Product, Markets, Models, and Policy, Univ. Minnesota Press, Minneapolis 1972.

111 HOW, FOON-CHEW, A Dictionary of the Families and Genera of Chinese Seed Plants, Beijing (Peking) 1983.
112 HOWARD, R. A., ‹Wilson as a botanist, travels, itineraries, labels, collections, manuscripts, letters›, in: Arnoldia 40/3 und 40/4 (1980), S. 154–193.
113 HOWES, F. N., A Dictionary of Useful and Every Day Plants and Their Common Names, Cambridge Univ. Press, London 1974.
114 HSU, H. Y., Traiting Cancer with Chinese Herbs, Oriental Healing Arts Institute, Los Angeles, CA, 1982.
115 HSU, H. Y., The Way to Good Health With Chinese Herbs, Oriental Healing Arts Institute, Los Angeles, CA, 1983.
116 HU, S. Y., The genus Panax (ginseng), in Chinese medicine, New York 1976.
117 HUET, R. / CASSIN, J. / TISSEAU, R., ‹Citrons et limes acides›, ‹Les limes à gros fruits›, ‹Production d'avenir pour des Dom-Tom›, in: Fruits 33, (1978), S. 701–714.
118 HUTCHINSON, J. / CLARK, J. G. / JOPE, E. M. / RILEY, R. (Ed.), The Early History of Agriculture, Oxford Univ. Press 1977.
119 IBN GUBAYR (IBN GIOBEIR), Viaggio in Ispagna, Sicilia, Siria e Palestina, Mesopotamia, Arabia, Egitto compiuto nel secolo XII, prima trad., fatta sull'originale arabo da C. Schiaparelli, Rom 1906.
120 ICONOGRAPHIA CORMOPHYTUM SINICORUM, Bd. I–V, Beijing (Peking) 1980.
121 JARRY, MADELEINE, China und Europa – Der Einfluß Chinas auf die angewandten Künste Europas, Stuttgart 1981.
122 JESSEN, KARL F. W., Botanik der Gegenwart und Vorzeit in culturgeschichtlicher Entwicklung, Leipzig 1864 (Reprint: Waltham, USA, 1948).
123 JIAXI, WANG / MA YUÉ, Fleurs rare de Chine, Beijing (Peking) 1988.
124 Friar JORDANUS, Mirabilia Descripta, The Wonders of the East (Bishop of Columbum in India the Greater 1330), transl. from the Latin original, publ. in Paris 1839, ed. by H. Yule, London 1863.
125 JULIEN, STANISLAS, Culture des mûriers et éducation des vers à soie en Chine, Paris 1837.
126 KAROW, OTTO, Die Illustrationen des Arzneibuches der Periode Shao-hsing (Shao-hsing pen-ts' ao hua-t'u) vom Jahre 1159 (mit Abb.), Leverkusen 1956.
127 KEAE TSZE YUEN HWA CHUEXI (The Drawing Room of the Keae Tsze Gardens), von Le Leih ung et al., vol. I–IV (Magnolia), vol. I–V, pts. I–V (Salix babylonica), 1649–1711.
128 KESWICK, MAGGIE, The Chinese Garden, New York 1978.
129 KEYS, JOHN D., Chinese Herbs – Their Botany, Chemistry, and Pharmacodynamics with special sections on: Mineral Drugs / Drugs of Animal Origin / 300 Chinese Prescriptions / Toxic Herbs, ill., Vermont / Tokyo 1976.
130 KIA SZ'NIU – Ts'i Min Yao Shu (Important Rules for the People to Gain their Living in Peace), 10 books, Kao p'ing (ca. 400 n. Chr.)
131 KIU-SHEN-HAO, ‹Synopsis of Chinese Salix›, in: Rep. spec. nov., Beih. 93, S. 1–123 (und Tafeln).
132 KLAPROTH'S Verzeichnis der Chinesischen und Mandschurischen Bücher der Bibliothek in Berlin, 1822.
133 KU KIN T'U SHU TSI CH'ENG (Compendium of Literature and Illustrations, Ancient and Modern), 320 books, Beijing (Peking) 1726.
134 KUO T'O T'O – Chung Shu Shu (Über Landwirtschaft), o. J. (ca. 700 n. Chr.).
135 LACK, E. / LACK, H. W., Botanik und Gartenbau in Prachtwerken, Berlin 1985.
136 LANCASTER, ROY, Travels in China – A Plantsman's Paradise, London 1989.
137 LAUFER, BERTHOLD, Sino-Iranica. Chinese Contributions to the History of Civilization in Ancient Iran with special reference to the History of Cultivated Plantes and Products, Chicago 1919; (Reprint: Taipeh 1978).
138 LAUFER, BERTHOLD, ‹La Mandragore›, in: T'oung Pao (1917), XVIII, I, S. 1–30.
139 LE COMTE, P. LOUIS, Nouveaux Mémoires sur l'Etat présent de la Chine (Soc. de la Comp. de Jésus, Mathématicien du Roy), 2 vols., Paris 1696.
140 LE COMTE, LOUIS, Das heutige Sina, Sendschreiben, mit Kupffern, Nürnberg 1699.
141 LEGGE, JAMES, The Chinese Classics, 7 vols., London 1871.
142 LEIBNIZ, G. W., Das Neueste von Sina (1647), Reprint: Dt.-Chin. Ges., Köln 1979.
143 LÉMERY, LOUIS, Traité des Aliments, 2e éd. Paris 1705.
144 LEUENBERGER, HANS, Die Burmastraße, Starberg a. S. 1943.
145 LEUNG, ALBERT Y., Chinesische Heilkräuter, Köln 1985.
146 LEUNG, TO-CHING, Contributions á l'étude de la Radix Ginseng, Lyon (Thèse Univ. Paris) 1932.
147 LI, H. L., The Garden Flowers of China, New York 1959.

148 LI SHI-CHEN, Pen ts'ao kang mu (Chinese Herbal and Materia Medica), o. O., o. J. (16. Jh.)
149 LI, YU-YING / GRAND-VOINNET, L., Le soja: sa culture, ses usages alimentaires, thérapeutique, agricoles et industriels, trad. du chinois, Paris 1912.
150 LIN YUTANG, Mein Land und mein Volk, Stuttgart 1936.
151 LOTI, PIERRE, Les derniers jours de Pékin, Paris 1925.
152 LOUREIRO'S, Flora cochinensis, Paris 1788.
153 LOUREIRO ET GROSIER, Description de la Chine, Paris 1819.
154 MABBERLEY, D. J., The plant-book, Cambridge 1990.
155 MÄGDEFRAU, KARL, Geschichte der Botanik, Stuttgart 1973.
156 MANSFELD, R., Verzeichnis landwirtschaftlicher und gärtnerischer Pflanzen, 4 Bde., Heidelberg 1986.
157 MATTHIOLUS, ANDRÉ M. P., Les Commentaires sur les six livres de Pedacius Dioscoride de la matière médicinale. Lyon 1655.
158 MAYER, W. F., ‹Bibliography of the Chinese Imperial Collections of Literature›, in: China Review, vol. VI (1878) ‹Botanical Section›, III.
159 MCKAY, J. W. / H. L. CRANE, Chinese chestnut – a promising new orchard crop. Econ. Bot. 7 (1953), S. 228–242.
160 MEISTER, GEORG, Der Orientalisch-Indianische Kunst- und Lust-Gärtner, Dresden 1692.
161 MEYER, F. N., ‹China, a fruitful field for plant exploration›, in: U. S. Dept. Agr. Yearbook (1915), S. 205–224.
162 MEYER, H. F. ERNST, Geschichte der Botanik, 4 Bde., Königsberg 1854.
163 MÖBIUS, MARTIN, Geschichte der Botanik, Jena 1937.
164 MONTMOLLIN, ERIC DE, Das Gesicht Chinas, Zürich 1943.
165 MONTAIGNE, MICHEL DE, Journal de Voyage, Paris 1906.
166 MOORE, D. M., (Ed.), Green Planet – The Story of Plant Life on Earth, Cambridge 1982.
167 MORIN, P., Instruction facile pour connaître toutes Sortes d'Oranges et Citronniers, qui enseigne aussi la manière de les cultiver, semer, planter, greffer, transplanter . . . avec un Traité sur la Taille des Arbres, Paris 1680.
167a MORRIS, EDWIN T., The Gardens of China: History, Art and Meanings, New York 1983.
168 MORRISON'S English and Chinese Dictionary, arranged according to the Radicals, 3 vols., London 1822.
169 MORTON, A. G., History of Boanical Science, an account of the development from ancient times to the present day, London/New York 1981.
170 MOSIG, ALFRED / SCHRAMM, GOTTFRIED, Der Arzneipflanzen- und Drogenschatz Chinas und die Bedeutung des Pên-ts'ao kang-mu als Standardwerk der Chinesischen Materia Medica, Berlin 1955.
171 MUELLER, FERD. VON, Select Extra-Tropical Plants readily eligible for Industrial Culture or Naturalisation, Melbourne 1895.
172 MURR, JOSEPH, Die Pflanzenwelt in der griechischen Mythologie, Innsbruck 1890.
173 NAHMEH, SEFER, Relation de Voyage de Nasri Khosrau en Syrie en Palestine, en Egypte, en Arabie et en Perse, pendant les Années de l'Hégire 437–444 (1035–1042), publ. Ch. Schefer, Paris
174 NÂSIR-I-KHUSRAU, Diary of a Journey through Syria and Palestine (A. D. 1047), transl. from the Persian G. Le Strange, London 1893.
175 NEEDHAM, J., Science and Civilization in China, vol. 6, pt. 1, Botany, Cambridge 1986.
176 NELMES, E. & W. CUTHBERTSON, ‹Ernest H. Wilson›, in: Curt. Bot. Mag. dedic. (1827–1927), S. 367–368.
177 NISSEN, C., Die botanische Buchillustration, Stuttgart 1951.
178 OBERDORFER, ERICH, Pflanzensoziologische Exkursionsflora, Stuttgart 1983.
179 OSBECK'S Voyage to China and the East-Indies, o. J. (ca. 1790).
180 The OXFORD BOOK OF FOOD PLANTS, Harrison et al., Oxford 1971.
181 PALOS, STEPHAN, Chinesische Heilkunst, München 1963.
182 PANE, J. A. / R. A. JAYNES / S. J. KAYS, ‹Chinese chestnut production in the U. S.: practice, problems, and possible solutions›, in: Econ. Bot. 37 (1983), S. 187–200.
183 Abbildungen von 51 PFIRSICH-GATTUNGEN nach der Natur, Wien 1821.
184 PFIZMAIER, AUGUST, ‹Denkwürdigkeiten von den Früchten Chinas›, in: Sitzungsber. d. k. Akad. d. Wissenschaften, 78. Bd., Heft VIII–X, Wien 1874.
185 PHILIPPE II, Lettres à ses filles les infantes Isabelle et Cathérine écrites pendant son voyage en Portugal (1581–1583), publ. d'après originaux, par M. Garchard, Paris 1884.
186 DE LA PLANTE AU MÉDICAMENT, I. Kapetanisis et al., Série document. 23, des Conservatoire et Jardin botaniques de la Ville de Genève 1988.
186a PLIMPTON, P., Oakes Ames, jottings of a Harvard botanist, Cambridge, MS, 1979.

186b PLINIUS D. Ä., Naturalis Historia, hrsg. v. D. Detlefsen, 6 Bde., Berlin 1866–1882.
186c POLO, MARCO, The travels of M. P., transl. Marsden ed. rev. with a selection of his notes, Ed. Th. Wright, London 1866.
186d POLO, MARCO, Il Milione, übers. F. Güttinger, Zürich (Manesse) 1964.
186e POLO, MARCO, Von Venedig nach China – die größte Reise des 13. Jhs., ill., Tübingen 1972.
186f PORTERFIELD, W. M. JR., ‹The principal Chinese vegetable foods and food plants of Chinatown markets›, in: Ec. Bot. 5 (1951) S. 3–37.
187 QUINTYNE, M. DE LA, Instruction pour les Jardins Fruitiers et Potagers, avec un Traité des Orangers, suivy de quels Reflexions sur l'Agriculture, Amsterdam 1692.
188 RABELAIS, FRANÇOIS, Œuvres, collationnées sur les Editeurs originales, Bibliographie et Glossaires par L. Moland, Nouv. Ed., 2 vols., Paris 1920.
189 RAVEN, P. / EVERT, R. E. / CURTIS, H., Biologie der Pflanzen, Berlin / New York 2. Aufl. 1988.
190 RAY, RICHARD / WALHEIM, LANCE, Citrus – How to Select, Grow and Enjoy, HPBooks, Tucson, AZ, 1980.
191 REED, HOWARD S., A short History of the Plant Science, Waltham (USA) 1942.
192 REHDER, A., ‹Ernest Henry Wilson›, in: Jour. Arnold Arb. 11 (1930), S. 181–192.
193 REHM, S. / ESPIG, G., Die Kulturpflanzen der Tropen und Subtropen, Stuttgart 1984.
194 REHMANN, J., Beschreibung einer Tibetanischen Hand-Apotheke, Petersburg 1811.
195 Relations des Voyages fait par les Arabes et les Persans dans l'Inde et à la Chine dans le IX siècle de l'Ere Chrétienne, Texte arabe impr. en 1811, publ. M. REINAUD, 2 vols., Paris 1815.
196 REINAUD, M., Mémoire géographique, historique et scientifique sur l'Inde antérieurement au milieu du XIe siècle de l'Ere Chrétienne d'après les écrivains arabes, persans et chinois, Paris 1849.
197 REINHART, LUDWIG, Kulturgeschichte der Nutzpflanzen. Die Erde und die Kultur IV/1 und IV/2, München 1911.
198 RENKER, ARMIN, Das Buch vom Papier, Frankfurt a. M. 1950.
199 RICCI, MATHIEU / TRIGAULT, NICOLAS, Histoire de l'expédition chrétienne au royaume de la Chine, Paris 1978.
200 RICHTHOFEN, FERDINAND VON, Ergebnisse von China, 6 Bde. mit Atlas, I/II, Berlin 1898.
201 RICHTHOFEN, FERDINAND VON, Tagebücher aus China, hrsg. E. Thiessen, 2 Bde., Berlin 1907.
202 RISSO, A. / POITEAU, A., Histoire naturelle des Orangers, Paris 1818.
203 ROHWEDER, OTTO / ENDRESS, PETER K., Samenpflanzen, Stuttgart 1983.
204 ROI, JACQUES / OU, YUN-JOEI, ‹Le Taoisme et les plantes d'immortalité›, in: Bull. Univ. de l'Aurore, pt. III, t. 2, no. 4, Shanghai 1941.
205 ROI, JACQUES, Traité des plantes médicinales chinoises, Paris 1955.
206 RONDOT, N. / LAGRÉNÉ, Etude pratique du Commerce d'Exportation en Chine, Paris 1848.
207 SACHS, JULIUS VON, Geschichte der Botanik, Würzburg 1891.
208 SCHENK, E.-G. / NAUNDORF, G., Lexikon der tropischen, subtropischen und mediterranen Nahrungs- und Genußmittel, Herford 1966.
209 SCHMIDT, G. O. / MARCUS, A. (Hrsg.), Handbuch der tropischen und subtropischen Landwirtschaft, 2 Bde., Berlin 1943.
210 SCHOTT, W., ‹Skizze zu einer Topographie der Produkte des Chinesischen Reiches›, in: Abh. d. kgl. Akad. d. Wiss., Berlin 1842, S. 245–385.
211 SCHÜTT, P., Weltwirtschaftspflanzen, Hamburg 1972.
212 SCHWEINFURTH, G., Arabische Pflanzennamen aus Ägypten, Algerien und Jemen, Berlin 1912.
213 SEMMEDO, ALVARO (Padre Compania de Jesus), Imperio de la China i cultura evangelica en èl, por los Religios de la Compania de Jesus, pub. M. de Faria e Sousa, Madrid 1642.
214 DER SENFKORNGARTEN – Lehrbuch der chinesischen Malerei, Bd. I/II, Ravensburg 1987.
215 SENN, J., ‹Die Seidenraupenzucht, ein bedeutsamer landwirtschaftlicher Betriebszweig in tropischen und subtropischen Ländern›, in: Tropenlandwirt 74 (1973), S. 150 ff.
216 SHAW, H. K. A., WILLIS' A Dictionnary of the Flowering Plants and Ferns, Cambridge Univ. Press, 8th Ed. 1973.
217 SHI-CHU-CHAI HUA TS'E (Ten Bamboo Studio), 16 pts., 1643.
218 SIEBOLD, PH. FR. V. / ZUCCARINI, Flora japonica, ill., 2 vols., St. Petersburg 1835–1870.
219 SMITH, O., ‹Citrus nutrition›, in: Nutrition of Fruit Crops, Rutgers State Univ., New Brunswick, 2nd ed. 1968.

220 SMITH, W. W., ‹The contribution of China to European gardens›, in: Notes Bot. Gard. Edinb. 16 (1931), S. 215–222.
221 SONNERAT, P., Reise nach Ostindien und China, Leipzig 1783.
222 SOOTHILL, W. E., China and the West, London 1925.
223 SORKAR, S. DE J. / WIRTH, W. W., The World Tea Economy, London 1972.
224 SOWERBY, A. DE C., Nature in Chinese Art, Jena 1940.
225 SOYEZ, JEAN-LOUIS, Une nouvelle spéculation arboricole: le Yang-tao (Actinidia chinensis), Paris (o. J.)
225a SPONBERG, STEPHEN A., A Reunion of Trees – The Discovery of Exotic Plants and Their Introduction into North American and European Landscapes, Harvard University Press, Cambridge MS, 1991.
226 SPRECHER V. BERNEGG, A., ‹Der Teestrauch und der Tee›, in: Tropische und subtropische Weltwirtschaftspflanzen, III. Teil, Bd. 3, Stuttgart 1936.
227 STAFLEU, F. A., (Hrsg.), Internat. Code der botanischen Nomenklatur, Oosthoek, Utrecht 1972.
228 STAIGER, BRUNHILD, China, Hamburg (Inst. f. Asienkunde) 1980.
229 STEWART, A. N., Vascular Plants of the Lower Yangtse, Corvallis/Oregon 1958.
230 SWIFT, LLOYD H., Botanical bibliographies. A guide to bibliographic materials applicable to botany, Lincoln, NE 1970.
231 SWINGLE, W. T., ‹The origin of the flora of eastern Asia, a reservoir of useful plants›, in: Proc. Third Pan-Pacific Sci. Congr. Tokyo 2 (1928), S. 1902–1903.
232 TAKAMA, SHINJI, Die wunderbare Welt des Bambus, Stuttgart 1983.
233 TANAKA, T., Tanakas's Cyclopedia of Edible Plants of the World, Tokyo 1975.
234 TATARINOV, A., Catalogus medicamentorum sinensium, St. Petersburg 1856.
235 Die Erzählungen aus den TAUSENDUNDEINEN NÄCHTEN, Übertragung Enno Littmann, Einl. H. v. Hofmannsthal, Bd. I–VI, Frankfurt (Insel) 1953.
236 TEGGART, FRED J., Rome and China – A Study of Correlations in Historical Events, Berkeley, CA, 1969.
237 THEOPHRASTUS, Enquiry into Plants and Minor Works on Odours and Weather Signs, transl. A. Hort, 2 vols., London (Loeb Class. Libr.) 1961.
238 THOMPSON, H. C. / KELLLY, W. C., The Storage and Handling of Kiwifruit, G 159, London (Trop. Prod. Inst.) 1957.
239 TOLKOWSKY, S., ‹Hesperides› – A History of the Culture and Use of Citrus Fruits, ill., London 1938.
240 USHER, GEORGE, A Dictionary of plants used by man, London 1974.
241 VOLKAMER, J. CH., Nürnbergische Hesperides, oder Gründliche Beschreibung der Edlen Citronat, Citronen und Pomerantzen-Früchte, Nürnberg 1708.
242 WALTER, H. Die Vegetation der Erde, Bd. I, Die tropischen und subtropischen Zonen, Jena 3. Aufl. 1983.
243 WALTER, H. / BRECKLE, S.-W., Ökologie der Erde, Bd. I, Ökologische Grundlagen in globaler Sicht, Stuttgart 1983.
244 WALTER, H. / HARNICKELL, E. / MUELLER-DOMBOIS, D., Climate Diagram Maps of the Individual continents and the Ecological Regions of the Earth, Berlin 1975.
245 WANG CHENG – Nung Shu (Über Landwirtschaft), ill., jede Tafel mit einem Gedicht, o. O., o. J. (ca. 13. Jh.).
246 WANG, DAJUN, Bamboos of China, New York 1987.
247 WANG SIANG TSIN, Kuang K'ün Fang Pu (Thesaurus of Botany), 30 books, Peking 1630.
248 WARBURG, O., Die Pflanzenwelt, 3 Bde., Leipzig 1913–1922.
249 WARMINGTON, H., The Commerce between the Roman Empire and India, Cambridge 1928.
250 WARNER, RALPH, The Dutch and Flemish Flower and Fruit Painters of the XVIIth and XVIIIth Centuries, London 1928.
251 WATKINS, R., ‹Cherry, plum, peach, apricot and almond›, in: Simmonds, Evolution of Crop Plants, London 1976.
252 WATSON, J. F., Index to the native and scientific Names of Indian and other Eastern Plants, London 1868.
253 WATSON, WILLIAM, China – Kunst und Kultur, Freiburg i. Br. 1980.
254 WHITTLE, TYLER, The Plant Hunters, new ed., London 1989 (Dt. Übers.: Die Pflanzenjäger, München 1970).
255 WICKREMASINGHE, R. L., ‹Tea›, in: Adv. Food. Res. 24 (1978), S. 229–286.
256 WILLIAMS, C. A. S., Outlines of Chinese Symbolisme and Art Motives, New York
257 WILLIAMS, L. O., ‹Ginseng›, in: Econ. Bot. 11 (1957), S. 344 ff.
258 WILLIAMS, S. WELLS, English and Chinese Vocabulary, London 1844.

259 WILLIAMS, S. WELLS, Chinese commercial Guide, London 1863.
260 WILSON, ERNEST HENRY, Diary (nicht veröffentlicht), 2 handschriftl. Bde.
261 WILSON, E. H., ‹Leaves from my Chinese note-book›, in: Gard. Chron. 37 (1905–1906), S. 337; 39, S. 389–397.
262 WILSON, E. H., Field Notes Relating to Plants Collected on the Arnold Arboretum Second Expedition to Western China, London 1911.
263 WILSON, E. H., Vegetation of Western China; a Series of 500 Photographs with Index, introd. Ch. S. Sargent, Harvard Univ. 1912.
264 WILSON, E. H., ‹My Forth Expedition to China›, in: Trans. Mass. Hort. Soc. (1912), S. 159–169.
265 WILSON, E. H., A Naturalist in Western China, 2 vols., New York 1913.
266 WILSON, E. H., Aristocrats of the garden, Boston 1926.
267 WILSON, E. H., Plant hunting, 2 vols., Boston 1927.
268 WILSON, E. H., If I were to make a garden, Boston 1929.
269 WINKLER, HUBERT, Botanisches Hilfsbuch für Pflanzer, Kolonialbeamte, Tropenkaufleute und Forschungsreisende, Wismar 1912.
270 WIT, F., ‹Tung trees›, in: Outlines of perennial Crop Breeding in the Tropics, Wageningen 1969, S. 495–507.
271 WIT, F., ‹Tung. Aleurites ssp.›, in: Evolution of Crop Plants, London 1976.
272 WONG, MING, La Médecine chinoise par les plantes, Paris 1976 (Dt. Übers.: Handbuch der Chinesischen Pflanzenheilkunde, Freiburg i. Br. 1978).
273 WONG, MING, Contribution à l'histoire de la matière médicale végétale chinoise, Paris (Mus. nat. d'hist. nat.) 1970.
274 WOOD, FRANCES, Chinese Illustration, London 1985.
275 WU K'I SÜN, Chi Wu Ming Shi T'u K'ao (Chinese Flora Illustrated), 8 vols., Beijing (Peking) 1848.
276 YEN-CHIH'S, HAN, ChüLu (Monograph on the Oranges of Wen-Chou, Chekiang), transl. M. J. Hagerty, introd. P. Pelliot, in: ‹T'oung Pao› ou ‹Archives concernant l'Histoire, les Langues, la Géographie et l'Ethnographie de l'Asie Orientale›, Leiden 1923.
277 YETTS, W. PERCEVAL, Symbolism in Chinese Art, Leiden 1912.
278 YÜNNAN CAMELLIAS OF CHINA, Beijing (Peking) (Academia Sinica) 1986.
279 YÜNNAN, WILDFLOWERS of, Vol. I: ALPINE; Vol. II: TEMPERATE / SUBTROPICAL; Vol. III: TROPICAL, Kunming Institute of Botany, the Academy of Science of China, ed. C. Y. Wu, Kunming 1986.
280 YU, DEJUN, The botanical gardens of China, Beijing (Peking) 1983.
281 YUN, QIAO, Alte Chinesische Gartenkunst, Leipzig 1986.
282 ZANDER, Handwörterbuch der Pflanzennamen, ed. F. Encke, G. Buchheim, S. Seybold, Stuttgart 13. neubearb. Aufl. 1984.
283 ZHAO JI / ZHENG GUANGMEI / WANG HUADONG / XU JIALIN, The Natural History of China, London 1990.

Pflanzen-Register

Ernest Henry Wilson (1876–1930), geboren in England, gelernter Gärtner, Botaniker, reiste im Auftrag der berühmten Gärtnerei Veitch 1899 zum ersten Mal nach China auf Pflanzensuche. Später botanisierte er im Auftrag des Arnold Arboretum (Harvard University), das er bis zu seinem Tod als Direktor leitete. Elf Jahre suchte Wilson nach noch unbekannten Pflanzen im ‹Blütenkönigreich›. Wilsons Pflanzenneufunde sind in einem mehrbändigen Werk von der Harvard University herausgegeben worden. Seinen Spitznamen ‹the Chinese› trug er mit selbstironischer Gelassenheit, wußte er doch, daß sein Reisebericht ‹A Naturalist in Western China› (1913) – eine spätere Auflage erschien unter dem Titel ‹China – Mother of our Gardens› – eine der wichtigsten Quellen war und ist, um die Fülle der westchinesischen Flora kennenzulernen.

Die Autorin Ruth Schneebeli-Graf lebt in Kriens/Schweiz. Übersetzung botanischer Texte aus dem Französischen und Englischen; Herausgeberin von J.-J. Rousseau, ‹Zehn botanische Lehrbriefe für eine Freundin› (1978), von Adelbert von Chamisso, ‹«. . . und lassen gelten, was ich beobachtet habe» – Naturwissenschaftliche Schriften mit Zeichnungen des Autors› (1983) und dessen ‹Illustriertes Heil-, Gift- und Nutzpflanzenbuch› mit ‹Über die pflanzengeographischen Einteilungen der Erdoberfläche› (1987). Mitarbeit bei ‹Flora des Kantons Luzern› (1985). ‹Botanische Berichte und Bilder aus dem Blütenland mit Texten von E. H. Wilson; Teil I: Zierpflanzen Chinas (1991); Teil II: Nutz- und Heilpflanzen Chinas (1992)›. Seit 1986 Ehrenmitglied der Zürcherischen Botanischen Gesellschaft, seit 1991 der Naturforschenden Gesellschaft Luzern.